品悟成功书系◎钻石珍藏版◎高 英编著

没有不景气
只有不争气

中国长安出版社

图书在版编目（CIP）数据

没有不景气 只有不争气／高英编著．—北京：中国长安出版社，2013.4

ISBN 978-7-5107-0598-4

Ⅰ.①没… Ⅱ.①高… Ⅲ.①成功心理－通俗读物 Ⅳ.①B848.4-49

中国版本图书馆 CIP 数据核字（2013）第 081815 号

没有不景气 只有不争气

高英 编著

出版：中国长安出版社

社址：北京市东城区北池子大街 14 号（100006）

网址：http：//www.ccapress.com

邮箱：capress@163.com

发行：中国长安出版社 全国新华书店经销

电话：010-85099947 85099948

印刷：北京欣睿虹彩印刷有限公司

开本：1/16

印张：16.5

字数：250 千字

版本：2013 年 9 月第 1 版 2013 年 9 月第 1 次印刷

书号：ISBN 978-7-5107-0598-4

定价：32.00 元

前言

生活中，很多人渴望生活得更好，但却找不到幸福之门：很多人渴望人生成功，但却找不到成功的法宝。

生活的状态有很多种，很多人“将就”地活着，这是最低级的一种，因为你要对人生有了一份“将就”，人生就会缺少进取，生活会少几分尊严，更谈不上人生有所成就。所以，没有不景气的生活，只有不争气的人。

一口井里住着三只青蛙，一大两小。井里偶有闯入的飞虫，让它们维持着生命。最可怜的是两只小青蛙，不仅日子穷苦，而且还时常受大青蛙的欺负。

一天，小青蛙A对小青蛙B商量说：“我们想办法离开这儿，不然，我们永远没有出头之日。”

小青蛙B说：“兄弟呀，我也知道这儿的日子不好过，但水还是够用的，至少还可以活命呀。”

“不，我想离开这儿！”小青蛙A说。

“别妄想了，知道外面的世界是个什么样子吗？说不定还不如这儿呢！再说，你唯一可以出去的办法，就是跳到人类的打水桶里，可是，人把你捉住，还不知道会对你怎么样呢！”小青蛙B说。

小青蛙A没有说话。

一天，一位农夫从井里打水浇地，小青蛙A毅然跳到放进井里的打水桶里。善良的农夫没有为难这只可爱的小青蛙，将它放到了田野里。

田野里风光无限，小青蛙A过着快乐的生活。而留在井里的小青蛙B，继续过着食不果腹、饱受欺辱的日子。

现实中有些人的境遇就像那两只小青蛙，但当一些人在抱怨时乖运蹇或身处犹豫彷徨之时，另一些人懂得争气，振作精神、放手一搏。于是，前一种人继续过着毫无生气的生活，后一种人却成了最大的赢家。

《没有不景气　只有不争气》告诉我们，人的一生都不可能是风平浪静、一路平坦的，会遇到许多的坎坷和困难，若不去正视与克服这些关隘，就会彻底地堵塞通往成功的大路，而克服这些困难就需要我们自己争气，因为命运掌握在我们自己的手中。

目录

第一章　人生有起有落，不会一直在低谷

运动健将刘翔说："人不可能一直站在高峰，没有低谷。正是如此，人生有高峰就有低谷。"那我们怎样才能从低谷中走出，到达新的高峰呢？一个人只要懂得争气，那么无论什么样的低谷，在他眼里都算不了什么，都不过是领他走向高峰的起点罢了。

第二章　一个人不怕起点低，就怕不争气

“不怕不景气，就怕自己没志气！”世上没有被别人一辈子看不起的人，只有一辈子看不起自己的人。一个人，只要自己争气，总有一天别人会以“士别三日当刮目相待”的惊奇目光来看待。

第三章　失既是得，换一种心态看逆境

面对逆境，我们何不给心态放一条生路，给自己一片蓝天；面对挫折要勇于面对，逃避永远无法解决问题，学会承担和承受，这样才能看得开，悟得透。

我们应该换一种眼光来看待曾经的苦难，换一种心态来对待生活，你会发现，生活依然有美丽的时候，幸福并没有远走，因为只要用心了，一切都会好起来的。

第四章　争气不是喊口号，要有行动才能行

美国大科学家本杰明·富兰克林曾说过：“今天可以执行的事不要拖到明天。每一个工作，不论是经营事业、高级推销工作或科学、军事、政府机关工作，都需要脚踏实地的人来执行。”的确如此：争气的人总会立即行动，快速地赢得了一切。

第五章　勇于改变，在不景气中找回争气的自己

为什么有人做事费尽心血，结果还是一败涂地？为什么有人做事不费吹灰之力，但他总能马到成功？其中的差别就看能不能走出一条新路来。千军万马挤独木桥，挤破脑袋还不一定能过去，只有勇于改变者，才能在不景气中找回争气的自己。

第六章　设定目标，争气就是向自己的目标奋进

只有明确目标才会有前进的方向，才会有为之奋斗的不竭动力。所以争气的人特别重视自己的人生规划，他们会按照自己的情况确定人生的走向；预设从事的某项工作要达到什么标准或层次；计划着要奠定哪些基础、取得哪些业绩，并以此为终生奋斗的目标。

第七章　持之以恒，别因为眼前的挫折而泄气

人生总要面临各种挑战、经历各种挫折与失败，千万不要在这些困境面前浑身发抖。争气的人会把这些困境变为成功的有力跳板，他们明白，只要“挤”过夹缝，就能进入属于自己的“桃花源”。

第八章　相信自己，只有自己才能给自己争气

自信与自卑，两种不同的心态能决定着完全不同的命运。如果拥有自信而又积极的心态，你的人生成功率就高；如果拥有自卑而又消极的心态，那么你的人生就会败多成少。一个人能否成功就看他到底拥有哪一种的心态。

第九章　不断超越，争气的人从不安于现状

一个人要是因为害怕碰到困难和危险，就不愿走出舒适的安全地带，那这种舒适也只是暂时的，而且它还会让我们故步自封，限制自己的成长和发展。所以，要想成功，就要善于打破原有的束缚，不断超越自己。

第一章

人生有起有落，不会一直在低谷

运动健将刘翔说："人不可能一直站在高峰，没有低谷。正是如此，人生有高峰就有低谷。"那我们怎样才能从低谷中走出，到达新的高峰呢？一个人只要懂得争气，那么无论什么样的低谷，在他眼里都算不了什么，都不过是领他走向高峰的起点罢了。

只要争气，就能走出人生低谷

我们常常会因为某一件微不足道的小事情而使自己情绪落入低谷，对自己失去原有的那一份自信心，在自己的心里充满着自卑。这样的人不懂得什么叫争气，这往往影响一个人的成功。争气就该学会自我的肯定，这样才可以拥有对生活无比的信心，才会不被有起有落的人生击倒。

在中国，马云不是最有钱的人，但在很多人的心中，他却是个最优秀的人。

据说，马云在小时候打架无数。曾经在一次“战斗”中他身上缝过13针。因为打架，他受过学校好几次处分，也曾多次被迫转学。在家长、老师以及邻居的眼里，谁要说这个顽皮孩子的前途有希望，那么他们宁愿相信太阳从西边出来。所以，在很多人的眼里，从小到大，马云是最差的学生，上的是三四流的中小学，读的是当地最差的大学。马云读书的过程也是具有传奇色彩。他初中考高中考了两次，高中考大学考了三次，其中第一次高考，数学只考了1分。但他并没有放弃对大学生活的追求，可在他第三次参加高考前，他的老师却这样对他说：“你要是考上的话，我的名字倒过来写。”

但马云暗暗发誓：一定要争口气，不让人低估了自己。

或许是上天的眷顾，马云很快走过了人生的低谷。

马云经过坚持不懈地参加高考，终于在 1984 年进入杭州师范大学外语系本科。

在杭州师范大学毕业后，在学校 500 多名毕业生中，他是唯一一位分在大学教书的人。就这样，马云在杭州电子工业学院教英语。

但是，很快马云又迎来了人生的又一个低谷。

1991 年，马云根据自己的特长，和几个朋友一起成立了海博翻译社。结果是第一个月收入 700 元，而他却要付 2000 元的房租，这档赔本的买卖遭到了很多人的讥讽。

朋友对这个项目都动摇了，但马云却坚信：只要坚持做下去，一定有前景。为了填补翻译社的亏空，他贩卖小商品来维持翻译社的正常运转。

两年后，马云不仅养活了翻译社，而且还打造了杭州第一个知名度很高的英语角。如今，正如马云当年所愿，海博翻译社已经成为浙江省最大的翻译社。

就这样，马云人生的这个低谷很快就过去了，接下来似乎都是幸运的事了。

1995 年，马云意识到：互联网必将改变世界！他更萌生了一个想法：要做一个网站，把国内的企业资料收集起来放到网上向全世界发布。于是，他放弃在学校的一切地位、身份和待遇，全身心投入到互联网上来。

后来的事，众所周知，马云成为了“全球 50 最具影响力商界人士”，成为一个受人尊敬的成功企业家。

纵观马云的成长历程，从爱打架屡受处分的学生，到屡次落榜又终入大学之门的骄子；再从教书匠到商界大侠，在这期间，无论是求学还是为后来的事业，他都历经多次失败，而最终又成为一个受人尊敬的成功企业家……这一切都让人觉得不可思议。

从马云的经历看，最恰当的概括那就是“争气!”决心和勇气来源于争气，激情、创新是从争气中滋生。其实，一个人只要能争气，他一定会走出人生的每一个低谷，最终获得成功。

品悟人生

你要是一个争气的人，你就不惧怕任何困难与挫折，因为你知道你能够战胜它们。自信自己有能力，你就有能力；相信自己成功，你就会成功。

挺过低谷的黑暗，辉煌终将到来

生活就像浩渺的大海，不仅有涨潮的欣慰，更有落潮的无奈；生活也像一碗百味汤，酸甜苦辣溶于其中，各种滋味，品后才知分晓。人生更是一道坎坷的旅途，不如意之事常有八九，有喜更有悲，有起也有落；既有成功后的喜悦，也有失败后的痛苦。成功的喜悦给人积极向上的启迪，使人走出人生的低谷。

面对短暂的人生，要学会面对磨难，不要错过人生的失意时刻，也许当生命之神把你抛入谷底时，也是你人生腾飞的最佳时节。调整自己的心情，学会走出人生的低谷，也许在你面前的，就是一片湛蓝的天！

大家都知道，三井公司和三菱集团都是日本名列前茅而又竞争十分激烈的两大财团。在一次国际竞争中，三菱凭借着自己的“餐馆生产方式”使三井公司遭受到了毁灭性的打击，三井公司产品全部积压，资金不能周转，要想扩大再生产几乎是不可能。

这对于三井人来说简直是生命的谷底，天似乎就要塌下来了。但三井公司还有一项革新为外人所不知，在三井公司讨论解救危机对策的高级会议上，不少人主张要以新技术的转让来和三菱集团做最后的较量，并把现有产品以低于三菱集团的价格贱卖，以筹得一部分资金，获得喘息的机会。但是三井董事长益田寿没有采纳大家的这种意见，而是选择了坚持，选择了挺住，因为他相信，最终的辉煌是属于自己的。

益田寿宣布三井公司停业，大量裁减人员，只留下了原来的1/10，同时还故意告知新闻界：三井公司将要改变经营方向，甚至还透露一些消息说三菱集团将成为这个行业的龙头老大。

三菱集团不知是计，误以为三井公司已经垮台，自己已经在竞争中获得了全胜，从而放心地以独家垄断经营为基础，大大提高产品的价格。然而就在三菱集团得意忘形之际。三井公司新产品投产试验成功。大批新产品铺天盖地一般地压来，迅速成为市场上的抢手货，而且价格还略低于三菱集团的产品价格，几乎是在一周之内，三菱集团产品全部滞销，只好承认在这项产品竞争中失败。

三井公司在总结自己公司东山再起、反败为胜的经验时，上下一致普遍认为：这次反败为胜的成功不仅仅是董事长益田寿运用了攻其无备、麻痹对手的决策，更是整个三井公司的人挺住了低谷的黑暗，坚信总有一天成功的辉煌是属于自己的。

在经济竞争中，能够像三井公司董事长益田寿那样挺住生命之低谷黑暗的人并不是很多，但是这一点对于任何一个人来说都非常重要。那么，在生命低谷来临之时，我们该如何才能做到挺住这一点呢？

有句话说得好，改变就是最好的出路。在对付低潮情绪的良方中，改变是最为久经考验的一种了。如果用一样东西来形容低潮期的特点到底是什么，那无疑是觉得自己不可能再有任何进展了，一辈子或许就会在默默无闻中度过了。这种消极的情绪会让人彻底放弃努力。在这个时候，最重要的一点就是让自己行动起来，做出积极的改变，即便是出去和朋友聊聊天都是一个积极的改变。

因此，遇到低谷期，你就得努力克服，而且还得一路走过来。在一路走来的时候，我们经常会这样问自己：低谷期是否含有某些发人深省的东西？低谷期实际上意味着什么？它传达了什么样的信息，我们是否要尽量去理解和尝试呢？这些问题的答案就是一个：把脚步放慢点！干任何事情，实际上都不可能做到一帆风顺，因此冷静，决策会一个比一个英明，措施一个比一个得力。

品悟人生

低谷时期是每个人人生中都会遇到的，正是有了低谷，所以才有了巅峰。遭遇低谷是为了能攀登下一个高峰，人关键是要挺住低谷的黑暗，那么高峰的辉煌才是属于你的。

很多成功的人都攀登过失败的梯子

在生命的藏宝室里，成功是黄金，失败是白银。它们同样散发着美丽的光彩，它们同为生命中一道亮丽的风景线。在很多成功的背后，都有无数次的失败和教训。而这些失败和教训，正是供给成功的营养，这些失败的教训为成功指明了前进的方向，避免你再犯同一种错误。

请看下面一串失败的菜单，这些都是成功者背后的故事：

A. 超级球星迈克尔·乔丹曾被所在的中学篮球队除名。

B. 赛拉·霍兹沃斯 10 岁时双目失明。但她却成为世界上著名的登山运动员。1981 年她登上了瑞纳雪峰。

C. 瑞弗·约翰逊，十项全能的冠军。有一只脚先天畸形。

D. 赛乌斯博士的处女作《想想我在桑树街看到的》，曾被 27 个出版商拒绝。第 28 家出版社——文戈出版社，出版了该书并售出了 600 万册。

E. 里查德·贝奇只上了一年大学就接受喷气式战斗机飞行员的培训。20 个月后他羽翼初丰，却辞了职。后来他在一份航空杂志社任编辑。杂志社旋即破产，失败接踵而至。当他写出《美国佬生活中的海鸥》一书时，他仍然觉得前途未卜。书稿搁置 8 年之久，其间被 18 家出版社拒之门外。然而出版之后却被译成多国文字，销量达 700 万册。里查德·贝奇也因此成为享有世界声誉的受人尊敬的作家。

F. 作家威廉姆斯·肯尼迪曾经著述多篇，但均遭出版商冷遇。直至他的《铁人》一书一举成名。然而就是该书也曾被13家出版社拒之门外。

G.《心灵鸡汤》在海尔斯传播公司受理出版之前也曾遭33家出版社的拒绝。全纽约主要的出版商都说："书确实好得很。""但没有人爱读这么短的小故事。"然而现在《心灵鸡汤》系列在世界范围内售出了1700万册，并被译成20多种文字。

从上述案例来看，成功的秘诀之一就是不让暂时的挫折击垮我们。面对暂时的失败，要有一个正确的认识。你必须清醒地知道：这只是一个小小的插曲，并不是结局。失败对于你的进步是一本很好的教材。

对失败显露出的坏习惯，应予以修改，以好习惯重新开始。

失败使你驱除掉傲慢自大，并以谦恭取而代之，而谦恭可使你得到更和谐的人际关系。

失败使你重新检视你在身心方面的资产和能力。

练过健身的人都知道，只是将杠铃举起来是没有用的。练习者必须在举起杠铃之后，用比举起时慢两倍的速度，将杠铃放回以前的位置，这种训练称为"阻抗训练"，它所需要的力量和控制力，比举起杠铃时还要多。

失败就是你的阻抗训练。当你再度回到原点时，不妨主动将注意力集中到拉回原点的过程上。利用此种方法，可使自己再次出发后，拥有长足的进步。

品悟人生

面对暂时的失败，要有一个正确的认识。你必须清醒地知道：这只是一个小小的插曲，并不是结局。

失败是暂时的，挺住就能转败为胜

“幸运固然令人羡慕，但战胜逆境则令人敬佩。”这是塞涅卡模仿斯多葛派哲学讲的一句名言。无数的事实证明，超越自然的奇迹，总是在对逆境的征服中出现的。

挫折是人生的一种历练，没有人会不劳而获，在走向成功的道路上，你要付出汗水，还要勇敢面对挫折与失败。当我们观察成功人士时，会发现他们的背景各不相同。那些大公司的经理、政府的高级官员以及每一行业的知名人士都可能来自贫寒家庭、破碎家庭、偏僻的乡村甚至于贫民窟。

几年前，教授把毕业班的一个学生的成绩打了个不及格，这件事对那个学生打击很大。因为他早已做好毕业后的各种计划，现在不得不取消，真的很难堪。他只有两条路可走：第一是重修，下年度毕业时才能拿到学位。第二是不要学位，一走了之。在知道自己不及格时，他非常失望，并找这位教授要求通融一下。在知道不能更改后，他向教授大发脾气。这位教授等待他平静下来后，对他说：“你说的大部分都很对，确实有许多知名人物几乎不知道这一科的内容。你将来很可能不用这门知识就获得成功，你也可能一辈子都用不到这门课程里的知识，但是你对这门课的态度却对你大有影响。”

“你是什么意思?”这个学生问道。教授回答说：“我能不能给你一个建议呢？我知道你相当失望，我了解你的感觉，我也不会怪你。但是请你用积极的态度来面对这件事吧。这一课非常非常重要，如果不由衷地培养积极的心态，根本做不成任何事情。请你记住这个教训，5年以后就会知道，它是使你收获最大的一个教训。”后来这个学生又重修了这门功课，而且成绩非常优异。不久，他特地向这位教授致谢，并非常感激那场争论。“这次不及格真的使我受益无穷。”他说，“看起来可能有点奇怪，我甚至庆幸那次没有通过。因为我经历了挫折，并尝到了成功的滋味。”

我们都可以化失败为胜利。从挫折中汲取教训，好好利用，就可以对失败泰然处之。千万不要把失败的责任推给你的命运，要仔细研究失败的实例。如果你失败了，那么继续学习吧！这可能是你的修养或火候还不够好的缘故。世界上有无数人，一辈子浑浑噩噩，碌碌无为，他们对自己的平庸总会有这样或那样的解释，有些人只想得到别人的同情，简直没有一点主见。由于他们一直想不通这一点，才一直找不到使他们变得更伟大、更坚强的机会。这也正是成功人士与失败者的最大区别。

美国人希拉斯·菲尔德先生退休的时候已经积攒了一大笔钱，足够过上富裕的日子。然而此时他又忽发奇想，想在大西洋的海底铺设一条连接欧洲和美国的电缆。随后，他就全身心地开始推动这项事业。菲尔德先生首先做了一些前期基础性的工作，包括建造一条1000英里长，从纽约到纽芬兰圣约翰的电报线路。纽芬兰400英里长的电报线路要从人迹罕至的森林穿过，所以，要完成这项工作不仅包括建一条电报线路，还包括建同样长的一条公路。此外，还包括穿越布雷顿全岛共440英里长的线路，再加上铺设跨越圣劳伦斯海峡的电缆，整个工程十分浩大。菲尔德使尽全身解数，总算从英国得到了资助。随后，菲尔德的铺设工作就开始了。电缆一头搁在停泊于塞巴斯托波尔港的英国旗舰“阿伽门农”号上，另一头放在美国海军新造的豪华护卫舰“尼亚加拉”号上。不过，就在电缆铺设到五英里的时候，它突然卷到了机器里面，被弄断了。

菲尔德不甘心，进行了第二次试验。试验中，在铺好200英里长的时候，电流中断了，船上的人们在甲板上焦急地踱来踱去，好像死神就要降临一样。就在菲尔德先生即将命令割断电缆、放弃这次试验时，电流又神奇地出现，一如它神奇地消失一样。夜间，船以每小时四英里的速度缓缓航行，电缆的铺设也以每小时四英里的速度进行。这时，轮船突然发生了一次严重倾斜，制动闸紧急制动，不巧又割断了电缆。但菲尔德并不是一个在挫折面前低头的人。他又购买了700英里的电缆，而且还聘请了一个专家，请他设计一台更好的机器。后来，在英美两国的机械师联手下才把机器赶制出来。最终，两艘军舰在大西洋上会合了，电缆也接上了头。随后，两艘船继续航行，一艘驶向爱尔兰，另一艘驶向纽芬兰，在此期间，又发生了许多次电缆割断和电流中断的情况，两艘船最后不得不返回爱尔兰海岸。

在不断的挫折面前，参与此事的很多人一个个都泄了气，公众舆论也对此流露出怀疑的态度，投资者也对这一项目没有了信心，不愿再投资。这时候，又是菲尔德先生，又是他百折不挠的精神和他天才的说服力，使这一项目得以继续。菲尔德为此日夜操劳，甚至到了废寝忘食的地步。他决不甘心失败。于是，尝试又开始了，这次总算一切顺利，全部电缆成功地铺设完毕而没有任何中断，几条消息也通过这条漫长的海底电缆发送了出去，一切似乎就要大功告成了，但就在举杯庆贺时，突然电流又中断了。这时候，除了菲尔德和一两个朋友外，几乎没有人不感到绝望的。但菲尔德始终抱有信心，正是由于这种毫不动摇的信心，使他们最终又找到了投资人，开始了新的一次尝试。这次终于取得了成功，正是菲尔德，这种不畏挫折的精神，不断地战胜挫折，并最终创造了一项辉煌的历史。

希拉斯·菲尔德先生的经历是充满挫折的，但他的精神是可贵的，取得的成绩是辉煌的。在我们一生中都会遇到很多或大或小的挫折，这一点谁都无法避免。懂得人生的人往往不喜欢平稳庸碌的生活，而多半有胆量去尝试一些困难的、冒险的但却充满生气而有意义的生活。因为他们知道，只有克服了困难，穿过了险境，他们才会尝到人生的真味，才会懂得人生的苦是怎样的苦法，乐又是怎样的乐法，而他们最大的收获往往是通向成功的彼岸。

品悟人生

在挫折面前，我们不要被吓倒，应该直面挫折，把它当作是成功对我们的考验，坚强地继续走下去，那么，挫折就会成为一笔可贵的财富，成为你成功的垫脚石。

用1%成功的战胜99%的失败

“许多人希望成功，对我来说，成功只有在多次失败后和对失败进行反省才能取得。事实上，成功只代表着你的工作的1%，而99%意味着失败。”这是本田宗一郎1974在密执安获得博士学位时的一段演讲词。他还曾把这段话归纳为一个简洁而富有哲理的忠告送给那些渴望成功的人，他说：“做大事必须善于瞄准不可能的目标和拥有失败的自由。”

本田宗一郎于1906年11月出生在日本荒僻的兵库县的一个贫穷家庭。他家离索尼公司创始人盛田昭夫的家不远。盛田出生在一个拥有一个网球场的优裕家庭，而本田却是一个在路边修理自行车的穷铁匠的儿子。这种早期环境证明在本田最初试制摩托车的日子里对他很有好处。他父亲对他解决机械问题的培养在本田早期的训练中起到了很大作用。

50年代早期，本田公司终于挤进了拥挤的摩托车行业。在五年内打败了250个竞争对手，使他实现了儿时的制造更先进的汽车的幻想。

本田承认他犯有错误，正如他在密歇根技术大学接受博士学位的演讲中表明的那样：“回首我的工作，我感到我除了错误，一系列失败、一系列后悔外什么也没有做。但是有一点使我很自豪，虽然我接二连三地犯错误，但这些错误和失败都不是同一原因造成的。”

本田宗一郎的事迹告诉我们：人生有起有落，不会一直在低谷。

古希腊哲学家苏格拉底说过：“逆境是磨炼人的最高学府”。巴尔扎克也说过：“困难对天才是块垫脚石，对能干的人是财富，对弱者却是万丈深渊。”逆境有两重性，既可毁人，又可炼人。它能使弱者消沉而自毁，也能使争气的人升华而自强。其实，在社会上闯，就是在进行一场马拉松赛。人生这场马拉松赛，漫长、坎坷和艰难，需要忍耐、坚持和奋斗。能闯出成功的人，都是在挫折和困难面前永不放弃，坚持到底的人。它们之所以在漫漫人生路上取得成就，靠的是恒心去挺、去忍、去拼搏。

品悟人生

许多人希望成功，事实上，成功只代表着你的工作的1%，而99%意味着失败。

只有经历低谷才会有成功

从小就听到大人说："失败是成功之母，是成功的先导"。但真正能领会这句话含义的人，却是少之又少。只有那些领会了这句话的人才知道，只有在自信主动、心态积极、坚持开发自己潜能的条件下才能达到。

通常我们做一件事情失败了，无非有三种可能性：一是我们选择的方向有误，所以需要另外选择自己所走的方向；二是我们在那些方面还没有解决好，所以应该想办法解决；三是还没到做到头，但我们中途就退了下来，所以我们应该坚持下去，做到永不放弃。只要我们把以上三点可能性都一一的做到了，那么成功就没有什么不可能的了。

失败有什么可怕呢？成功与失败，相隔只是一线。即使你认为失败了，只要有"置之死地而后生"的心态、自信意识，还是可以反败为胜的。有人说，过分自信也会导致失败，但所否定的只是"过分"，而不是自信本身。如果你不是怕丢面子，怕别人说三道四，那么失败传递给你的信息只是需要再探索，再努力，而不是你不行。

事实正是这样，我们都知道爱迪生做了几万次试验，发明了许多造福人类的事物。可他这几万次试验当中至少有99%是失败的，可爱迪生并没有放弃，而是在每次失败后他都能不断寻求更多的东西。当他把原来的未知变成了已知的时候，无数的新事物就被发明出来了。所以，他认为那么多的失败实质上都不能算是失败。

爱迪生说："我只是发现了 9999 种无法适用的方法而已。失败也是我需要的，它和成功一样对我有价值。只有在我知道一切做不好的方法以后，我才知道做好一件工作的方法是什么。"他说的这句话，不正是深知从各种损失中也能获益的意识吗？从这个意义上，我们认识到只有不怕失败，深知失败意味着什么的人才配享受，也才可能享受到成功的欢乐。

成功与失败是事物发展的两个轮子，失败是成功之母，是成功的先导。这些话可以说人人皆知。

但在实际生活中，只有自信主动、心态积极、遇到挫折不怕失败的人才能真正领会它的含义，才能够从失败中吸取经验，战胜失败，走出因挫折而造成的困境，从而获得成功。

如果哪一天你第一次走进义清文化公司李毛清的办公室，你可能马上就会觉得自己有种"高高在上"的感觉，这是为什么呢？因为他办公室内各种豪华的摆饰、考究的地毯、忙进忙出的人潮以及知名的顾客名单就是最好的证明。它们都在告诉你，他的公司是很成功的。

然而，这些成功的背后却藏着无数的辛酸血泪。李毛清回忆说："我创业的时候头六个月就把自己十年的积蓄用得一干二净，并且一连几个月都以办公室为家，因为我付不起房租。其实再夸张一点的说，我当时的窘境已经到了没有明天的饭钱的地步，但我仍然没有放弃我的理想。我曾婉拒过无数的好工作，无数好的兼职。我为了我的理想，我找了好多投资者，好多朋友，整整 3 年的时间，我都在艰苦挣扎中，但我从来也没有一句怨言，不是我不想说，而是我不敢说。害怕我一说出来，我就会不进则退；害怕我一说出来，我就会以此为借口放弃我的理想。所以我一直在说：并不是我不想成功，只是我还一直在学习的阶段。这是一种无形的、捉摸不定的生意，竞争很激烈，实在不好做。但不管怎样，我还是要继续学下去。也许正是因为这句话，我坚持了下来，最终我实现了我的理想。我做到了，而且做得轰轰烈烈。"

“无数次，我的朋友都在问我一个问题：创业的时候被那些困难折磨得疲惫不堪了吧？对于这个的问题，我只是微微一笑便带过了，但在我的心里却这样回答：没有啊！我并不觉得那很辛苦，反而觉得是受用无穷的经验。”

这就是李毛清成功的经历，从中我们得到了许多启发：人生有起有落，只要我们有战胜困难的精神，你就会成功。

世界上有无数人，一辈子浑浑噩噩，碌碌无为，他们对自己一直平庸的解释不外是“运气不好”“命运坎坷”“好运未到”。这些人像小孩那样幼稚与不成熟，他们只想得到别人的同情，没有一点主见。由于他们一直想不通这一点，才一直找不到使他们变得更伟大、更坚强的机会。

品悟人生

在普通情形下，“失败”一词是消极的，但我们要赋予这两个字新的意义，因为这两个字经常被人误用，而给数以百万计的人带来许多不必要的悲哀与困扰。

不会一直失败，成功总在最后时刻出现

你是负责销售的吗？市场疲软困扰着你，当急速下滑的业绩面对着你，你该怎么办？

你是负责管理的主管吗？面对组织里素质不太高的员工，面对严峻的生产任务，面对低下的效率，你又该怎么办？

你是负责研发的吗？是不是正在面临难以逾越的技术难关？还是没有找到创新的突破口？

……

这个社会，几乎每时每刻都充满危机，压力就像空气一样无处不

在、无孔不入！不管你是从事那个方面的，你都无法逃避。但是，不管你面临的是什么样的困难，也不管你面临的困难有多大，你要相信，人生有起有落，不会一直在低谷！

所谓的困难，在很大程度上是我们自己在心中把它垒高了，是我们的心理作用让它变得不可逾越，在我们还没有正式和它交锋之前，就已经败下阵来，乖乖地竖起了白旗。

然而，战胜它们的诀窍又在哪里呢？

她是一位不幸的女人——1963年8月3日，凯瑟琳·格雷厄姆在楼上突然听到一声枪响，当她慌张地跑下楼来时，发现自己的丈夫已经饮弹自尽了。

在震惊和悲痛之余，凯瑟琳·格雷厄姆还必须得面对丈夫留下来的《华盛顿邮报》这个大的吓人的大摊子。

此时的她丝毫没有管理经验，而且，《华盛顿邮报》还是一家毫无特色的地方报纸。怎么办？许多亲朋好友劝她卖掉算了。

凯瑟琳·格雷厄姆考虑很久后，毅然决然地做出决定，她向董事会宣布："公司决不会出售，而且还要把《华盛顿邮报》办大，并让它成为一家能向最著名的《纽约时报》叫板的报纸！"

这个决定标志凯瑟琳·格雷厄姆必须有足够的毅力坚持下去，而一切都在她的苦心经营下运行着。

到了1971年，又一次决定她和《华盛顿邮报》命运的时刻摆在这个女人面前——当时她面前摆着一份五角大楼的报告，这个报告证明美国政府在越南战争问题上撒了谎。对于如此重大的新闻，敢不敢把它捅出去？

先前，《时代周刊》已经因为刊登报告的部分内容而受到了法院的传票。如果《华盛顿邮报》敢刊登这份报告，那么就得冒着被《间谍法》起诉的风险。由此而引发的后果可能会危及公司的股票发行和有利可图的电视经营。

凯瑟琳·格雷厄姆在后来的回忆录里这样描述："在这个决定上我是拿整个公司冒险。但我最终认为，为生存而违背原则，比不能生存更糟糕。既然选择了新闻行业，那么，就应该不顾一切地、踏实稳重地走下去，要凭毅力去争取或许才有一线生机。”

经过审慎权衡，凯瑟琳·格雷厄姆决定在《华盛顿邮报》刊登。

随之而来的是轩然大波，舆论哗然不算，最高法院也开始出面调查。但凯瑟琳·格雷厄姆的这一决定意义非凡，她也承受了巨大的压力和内心的焦虑与不安，在随后的《华盛顿邮报》两位记者揭露“水门事件”时更是达到了顶峰。

然而，谁也无法否认，确实是由于凯瑟琳·格雷厄姆的英明决定，才使得《华盛顿邮报》有了今天的地位——成为世界最大报纸之一。而且，她所领导的公司，也成为过去二十年历位居美国50家最佳上市公司。

付出总有回报，耕耘就会迎来收获。果敢的毅力而又不违背原则的工作作风，也为凯瑟琳·格雷厄姆自己赢得了极大的声誉——她排名为美国历史上最杰出的CEO中的第八位！

不要相信命运一直会凄惨下去，毅力是每一个成功立人必须具备的优秀品质，也只有拥有这种品质的人，才可能从众多的人群中脱颖而出。

品悟人生

相信成败、困难都是暂时的。所以，不管你面临的是什么样的困难，也不管你面临的困难有多大，你要相信，人生有起有落，不会一直在低谷！

只有内心绝望，并没有真正的绝境

现实生活中，面对困难时，不要就此绝望、妥协，脑子里总想着自己不行了，相信人生有起有落，不会一直在低谷，那么成功肯定已离你不远。

保罗·迪克刚刚从祖父手中继承了美丽的“森林庄园”，一场雷电引发的山火就将其化为灰烬。面对焦黑的树桩，保罗欲哭无泪。年轻的他不甘心百年基业毁于一旦，决心倾其所有也要修复庄园，于是他向银行提交了贷款申请，但银行却无情地拒绝了他。接下来，他四处求亲告友，依然是一无所获……

所有可能的办法全都试过了，保罗始终找不到一条出路，他的心在无尽的黑暗中挣扎。他知道，自己以后再也看不到那郁郁葱葱的树林了。为此，他闭门不出，茶饭不思，眼睛熬出了血丝。

一个多月过去了，年已古稀的外祖母获悉此事，意味深长地对保罗说：“小伙子，庄园成了废墟并不可怕，可怕的是你的眼睛失去了光泽，一天天地老去。一双老去的眼睛，怎么可能看得见希望呢?”

保罗在外祖母的劝说下，一个人走出了庄园，走上了深秋的街道。他漫无目的地闲逛着，在一条街道的拐角处，他看见一家店铺的门前人头攒动，他下意识地走了过去。原来，是一些家庭主妇正在排队购买木炭。那一块块躺在纸箱里的木炭忽然让保罗眼睛一亮，他看到了一线希望。

在接下来的两个多星期里，保罗雇了几名烧炭工，将庄园里烧焦的树加工成优质的木炭，分装成箱，送到集市上的木炭经销店。结果，木炭被一抢而空，他因此得到了一笔不菲的收入。

不久，他用这笔收入购买了一大批新树苗，一个新的庄园又初具规模了。几年以后，“森林庄园”再度绿意盎然。

这个世界上，从来没有什么真正的“绝境”。无论黑夜多么漫长，朝阳总会冉冉升起；无论风雪怎样肆虐，春风终会缓缓吹拂。当挫折接连不断，当失败如影随形，当命运之门一扇接一扇地关闭，我们永远也不要怀疑：总有一扇窗会为你打开。机会总是存在的，只要你能灵活运用，不放弃生活，不放弃机遇，不认为命运不公，不陷入“绝境”，就会走出逆境，看到曙光。

品悟人生

面对绝境，要灵活地去发现机遇并把握机遇，世上没有绝境，只有内心绝望。机遇到处都有，只要你有足够灵活的头脑、足够灵活的慧眼和灵活把握机会的意识。

人生有起有落，雨后往往是晴天

雾挡住了太阳，模糊了我们的视野，使人的心情也像雾一样灰暗不明。许多人都因一大早见到雾而郁郁寡欢，但也有的人见到雾反而兴奋不已，因为他知道大自然的雾，日出便消散，雾后是晴天。

同样是雾天，不同的是人的心态，乐观的人看到是雾后的天，悲观的人只见雾、不见天。

其实，换一种心情去看雾，你会减少许多的忧愁和不必要的郁闷；换一种心态对待生活，你会收获许多的快乐。当我们因昨天与朋友闹一场误会而心头茫然时，应该立刻运用沟通的手段，让和解的阳光尽早出现。打个电话，发个短信或电子邮件，送一件包含歉意的礼物……你的所作所为都是天晴前的浓雾，慢慢地雾散了，朋友又回到了你身边。那种愉悦无以言表。

对于每个人来说，随时遭遇无法预料的危机，本身就是一件非常平常的事情。家里小孩生病、至爱亲友死亡、婚姻亮起红灯等，这些大大小小的问题都会使我们压力倍增，心力憔悴，精神疲惫，进而影响我们的情绪，从而使烦恼剪不断，理还乱。

曾经有人说，这个世界上的每一个人都是以自我为中心的，每个人的视角也完全是被自己先天或后天形成的思维定式所左右，所以每个人都有不同的注意力，喜欢把注意力集中在自己感兴趣的事情之上。比如说，你们夫妻最近经常无端的发生口角，你察觉你和你太太的关系已经发生危机。而且也许这个时期又是公司最紧张的时候，你的业务也很繁重。在家庭和业务的压力下，你很容易陷入无奈情绪的陷阱，处于一个相当低落的时期。大多数人在情绪低落的时候，总是希望别人给予关怀，对自己伸出援助之手。所以你在这种情况下，稍不留神就会失去自控力，家庭问题上的苦闷和事业的压力让你急需有人倾听你的感受，帮你发泄心中的郁闷和不满。

其实，每个人都会有不少烦心的事儿，大家也许都在“水深火热”中挣扎，何必总拿自己的不开心强加到人家头上呢？除非迫切需要帮助，否则即使是最好的朋友，也不要拉着人家陪你一道悲伤，还是自我调节为好。要相信雾后是晴天，黎明前的黑暗过去就是初升的太阳。

品悟人生

大自然的雾消散很快，现实中的雾，在好心态的驱逐下，一样停留不了多久。

遇到低谷，一切不过是从头再来

什么是这个世界上效率最高的动物？老虎、狮子？都不是，而是狼。同样的，它们的失败率却也是最高的。但是你看不到它们失败后的无精打采，听不到它们失败后的哀叹，它们不会放弃努力或自认败北，不会像人类或有些动物那样的垂头丧气。它们要做的只是像以前一样，继续投入它应该投入的精力，继续运用经历了时间考验的技能，再加上它们从失败和挫折中学到的知识，从头再来，直到达到目的为止。

有时，许多事情你说不上是对还是错，重要的是，我们的观念能够顺应事物的发展，并能正确地对待。

1914 年 12 月，大发明家爱迪生的实验室在一场大火中化为灰烬，损失超过 200 万美金。而事先只买了 23.8 万的保险。那个晚上，爱迪生一生的心血在颇为壮观的大火中付之一炬了。

当爱迪生24岁的儿子查理斯在浓烟和废墟中找到他父亲时只见爱迪生平静地看着火势，他的脸在火光摇曳中闪亮，他的白发在寒风中飘动着。

“我真为他难过，”查里斯后来写到，“他都67岁了，不再年轻了，可眼下这一切都付诸东流了。他看到我就嚷道：‘查里斯，你母亲到哪儿去了？去，快去把她找来，她这辈子恐怕再也见不着这样的场面了。’”

第二早上，爱迪生看着一片废墟说道：“灾难自有它的价值，瞧，这不，我们以前所有的谬误过失都给烧了一个一干二净，感谢上帝，这下我们又可以从头再来了。”火灾刚过去三个星期，爱迪生就开始着手推出他的第一部留声机。

在灾难面前，需要的不是惊慌和悲伤，而是我们能够勇敢地去面对。就像那个很经典的故事：“一杯牛奶被打翻了，我们是哭泣，还是抛开它？”不要为打翻的牛奶哭泣。如果我们都有这一份勇气，那还有什么失败和痛苦不可以面对呢？还有什么不可以从头再来呢！

《后汉书》中说：“丈夫为志，穷且益坚，老当益壮。”有抱负、有雄心的人有志向，越是窘困越要坚强，越是年老越要有雄心壮志。不管遇到多么大的挫折，多么大的失败，只要抱着一颗“从头再来”的不死之心，我们就会看到有光明的那一刻，我们就会有走向成功的那一天！

品悟人生

从头再来是一种不甘屈服不认输的韧性，更是人生成就事业的一种境界。“锲而舍之，朽木不折；锲而不舍，金石可镂。”从头再来需要你忘却昨天的失败，需要你有一种坚定的信念和不达目标誓不罢休的勇气。

人生有起有落，学会胜不骄败不馁

胜不骄败不馁。生活中，有成功就会有失败。因为，成功是由无数的失败积累而成的。诚然，赢，我们一笑而过，因为我们还要赢得更多。输，我们还是一笑而过，因为我们掌握了敌手更多的招数。当我们再次努力站起来的时候，就会比以前更难打倒，经过风吹雨打的树才能长成参天大树，没有经过失败的人，不可能是真正成功的人。

25岁的朱军，由于大学毕业后没有找到合适的工作，终于同意了老爸的请求，到老爸自己所开的一个铜材加工厂去上班。由于朱军在大学里学的专业是英语，因此老爸就让朱军先到供销科去帮忙翻译一些技术性的资料。在供销科的日子里，朱军看到供销科长每天盯着上海交易所的价格紧张兮兮的，觉得很有意思，于是要求老爸也划点资金让他到期货市场去试试。老爸考虑到期货市场对工厂的影响已经越来越大了，但自己却一直搞不懂期货这个玩意，为了厂子长远的发展，也同意朱军去期货市场锻炼锻炼，于是就给了朱军50万元资金到B市的一家期货公司去开户。

朱军刚进场的时候非常用功，不仅经常熬夜盯伦敦盘的价格，还充分利用自己英语好的优势，到一些国外的金属网站和政府网站了解一些经济信息，同时他还自己动手将收集来的一些经济数据编成图表，研究它们的变化趋势。半年之后，朱军俨然成了期货公司里的一个高手，不仅在分析行情的时候头头是道、证据充分，而且账面上的资金也很快翻了一番。随着身边散户追捧声的高涨，朱军也开始有点飘飘然了，本来每天都做的一些功课也开始逐渐地荒废了，同时也开始变得刚愎自用起来，对于别人提出的不同意见，也不会像以前那样再三考虑，然后做出正确的决定，而是一意孤行，觉得自己永远都是对的。

在海上航行，总会遇上风浪的。终于在年底，铜价在经历了长达一年多的下跌后开始逐渐企稳，市场普遍认为经过连续打击的世界经济已经跌到了最低谷，有些机敏的投资者开始在低位逐步建仓，但是朱军却不这么看，他固执地认为，铜价还有很大的下跌空间，并无视一些重要经济指标的反弹势头。最后随着时间的推移，LME 铜价在不知不觉中已经上涨了 300 来点，最后他在老爸的呵斥声中被迫平仓，50 万元资金最终只剩下了 10 万元。

经过这次打击之后的朱军并没有气馁，他重整旗鼓，将已经遗漏了的数据图表重新续上，同时也拒绝了一些朋友聚会的邀请，恢复了晚间盯盘的习惯，经过两年的艰苦努力，慢慢地将这 10 万元钱的账户已经增加到了 100 万元。现在的朱军已经变得非常的低调，平时大家看到他的时候基本上是捧着厚厚的一本谁也看不懂的英文书，听他的好朋友说这是一本国外最先进的关于技术分析的书，而他老爸现在也是逢人就夸自己的儿子能干。

在人生的路途中，天气不可能永远都是灿烂的，不可能一直都是一帆风顺的。输和赢已经变成最见怪不怪的事情了，没有永远的常胜将军，不同的人之间的区别在于对待输赢的态度。聪明的人能够在胜利面前保持冷静，在失败面前保持信心，懂得胜不骄，败不馁。而愚蠢的人要么被胜利冲昏头脑，要么在失败的打击下一蹶不振。而朱军就是因为做不到前者，因此市场给了他惩罚；同样，朱军因为做到了后者，市场也给了他回报。

“胜不骄败不馁”，就是在任何时候都应该保持清醒的头脑和作风，“胜不骄败不馁”，应该从严要求，找到差距，并且有危机意识。在落后的情况下仍然坚持到最后一刻，在胜利的时候，不得意忘形。在失败时不垂头丧气，怨天尤人；在成功时不沾沾自喜。因为，人生不可能一帆风顺，无论面对成功还是失败，如果能够欣慰的坦然一笑，从容淡泊，用心体会成功的喜悦或者失败的苦涩，那么继续前行的路灯必定会更加明亮，成功才会离你更近。

品悟人生

当你用“胜不骄败不馁”的心态去做事时，当你对自己的能力和未来充满自信时，当你以激情和毅力去一路披荆斩棘，乘风破浪时，那么你必将打破无数常人眼中的所谓不可能而创造出你的奇迹、你的神话。

拥有自强精神的人才能做到从低点起步

“天行健，君子以自强不息；地势坤，君子以厚德载物。”这是《周易》中的名言。自强是什么？是奋发向上，锐意进取，是对美好未来的无限憧憬和不懈追求。争气的人的精神之所以可贵，是因为争气的人依靠的是自己的顽强拼搏，而非其他人的荫庇提携。

身处“低点”位置的人常常自暴自弃，但是常言道：“庭院里练不出千里马，花盆里长不出万年松”。

清代书画家、文学家郑板桥，52岁时才得一子，万分宠爱，但从不溺爱，经常以各种方法培养其自立能力。他病危时，寄养在乡下老弟家中的儿子特地来看他。他要儿子亲手做几个馒头给他吃。但儿子从来没有做过，只好去请教厨师。当儿子将亲手做的馒头端到父亲床前时，父亲已咽了气。儿子悲痛地放声大哭，突然发现茶几上压着一张纸条，原来是父亲临终前写的一首遗诗，大意是：

淌自己的汗，吃自己的饭，
自己的事业自己干；
靠天、靠人、靠祖宗，
不算是好汉！

安逸的生活谁都向往，但困难却是人生不可避免的内容。俗话说，有苦才有乐。经过自己的努力得来的一切，虽然其中可能饱经风霜，但是在奋斗的过程中，所获得的对人生的感悟，以及奋斗后面对自己的哪怕一点点的收获，都会让我们获得极大的成就感。有人说人生实际上活的就是一份感觉，这句话不无道理。这种成就感，这种自强奋斗的快乐，绝不是父母、爱人、朋友的赠与所能感悟到的，也不是靠轻而易举地交换自己的青春美貌就能获得的，没有经过奋斗就享受，靠别人的创造来装扮自己，追求享受，其实是在自欺欺人，假如只是将洋房、汽车看作是生活的目标，这样的人只能用一个词来概括，那就是悲哀。靠自己的双手和能力活着，才活得踏实，虽然这其中会遇到各种各样的困难，但正因为有种种困难，我们才会去克服，在克服困难的过程中取得进步；正因为面临种种问题，我们才会去解决，在解决问题的过程中不断创新，人唯有从这种由忧而喜、不断自强的生活中，才能真正品味到生命的意义和充满活力的人生。

执著是一种气，它需要信仰的支持。人不能够没有信仰，信仰不仅使人与动物区别开来，同时它还是人走向成功的起点。

人应该像宇宙中的恒星一样，有目标，有方向，有理想，有追求。只要自己觉得是对的，就要照自己的观点尽力去做，不管别人怎么评论。只要自己是正义的，是正确的，就要坚持，不为其他势力所屈服，不为强暴所控制，要有一种坚强、执著的精神。我们要做一颗颗恒星，无私奉献，坚持真理，为了美好的明天，不懈地奋斗。

品悟人生

不论是在事业上，还是在爱情上，我们光有执著的精神是不够的，我们还要学会在压力中生存。所以我们在压力中身处“低点”时，一定要想到这是到达“高点”的一个必然的经历，就如雪莱的诗句：“冬天来了，春天还会远吗?”

罗马并不是由一天建成的

《塔木德》中有一句流传甚广的格言：“罗马不是一天建成的。”不论干什么都要脚踏实地、循序渐进。任何事情都不可能一蹴而就，都需要经过一个过程的，甚至是一个艰苦的过程。

犹太人哈同，1872年到中国上海谋生。当时的哈同只有24岁，年轻力壮，但是哈同身上除了穿着外，几乎一无所有。他立志来中国赚钱发财，但自己一无资本，二无专业知识和技术。

他决心从一个立足点开始，由于身体魁梧，他在一家洋行找到了一份看门的工作。要换别人是不愿干的，自己相貌堂堂，年轻高大，却屈于当站门雇员。

很多熟识哈同的人都很不理解，于是有人就满是疑惑地问哈同："你为什么干这种工作呢？多丢脸啊，也没有好的回报！"

每当被这样问起，哈同总是笑着回答："看门赚来的钱也是一种报酬，没有什么可丢脸的，更不是失身份的事情，只要我努力工作，肯定会有更好的回报的。"

哈同非常认真，忠于职守。晚间，他利用一切时间阅读各种经济和财务的书籍，知识增进也很快。

洋行老板觉得哈同工作出色，脑子机灵，就对哈同说："小伙子，你为什么不到我的业务岗位上来呢？我想那里更需要你。"哈同谦逊地说："我很感激您的信任，先生，我会努力工作的。"

很快，哈同就被调到业务部门当办事员。哈同一如既往，工作业绩一直不错，逐步被提升为行务员、大班……

这时，他的收入大为增加了。很多人都对哈同刮目相看，大家见了哈同，都会忍不住啧啧称赞："哈同，你真了不起！"而哈同总是轻描淡写地说："其实没什么了，我只不过是一步步走过，没有偷懒而已。"

其实哈同早怀壮志，1901年，他找理由离开了打工岗位，开始独立经营商行。

哈同自办的商行取名为"哈同洋行"，为了赚取更多的钱，以经营洋货买卖为主。几年间，他赚了许多钱。

随着资本的增多，哈同仍然没有放缓自己的追求，开始土地买卖和放高利贷业务。他买入的土地往往从一些急于等钱用的人手里获得，所以他把价钱压得很低，卖主不得不就范。接着，他将低价买入的土地租给别人造屋，到一定年限后收回，这样连房产也归他所有了。另外，他自己也投资建造楼房供出租，从中获取惊人的利润。就这样，他成为了大富豪。

品悟人生

罗马不是一天建成的。任何成功都需要经历一个长期的过程，不能急于求成，也不能妄自菲薄，只要脚踏实地，从点点滴滴做起，成功就是早晚的事情。

第二章

一个人不怕起点低，就怕不争气

“不怕不景气，就怕自己没志气！”世上没有被别人一辈子看不起的人，只有一辈子看不起自己的人。一个人，只要自己争气，总有一天别人会以“士别三日当刮目相待”的惊奇目光来看待。

只要争气，就能从低起点走向高位

或许，你认为，成功的人一定是毕业于名牌大学，可遗憾的是，当你大学毕业以后会发现，成功和学历无关。很多人将这份遗憾归结为自己起点低，其实，不是命运弄人，而是你不懂的去争取。

张晴和杨梅是一对女孩，两个人是邻居。这一年，张晴大学毕业，杨梅高考落榜，于是，两个人结伴到北京打工。

在去北京的列车上，张晴说："我一定要到三星以上的酒店去做个主管。"张晴在大学学的是酒店管理，所以，她对未来充满憧憬。杨梅说："姐，你当了主管，我就去你店里做服务员，我一定听你的话，做一个最好的服务员。"杨梅对自己的未来充满向往。

很少有人知道，这对漂亮的女孩，是一个大学生带着一个高中生去北京打工的。

来到北京，两个同租了一间房，她们和所有的打工者一样，她们开始投简历、应聘，不停地找工作。两个人往同一家酒店投简历，到同一家酒店应聘，不同的是，张晴应聘的是主管，而杨梅应聘的是服务员。

很快，有好几家酒店通知杨梅前去上班，而张晴的应聘却没有回信。

"你去上班吧。"张晴说。

“姐，我不去，我一定要在你管理的酒店上班。”杨梅说。

“你先去上班，等姐找好了，你再来找姐。”张晴说。

于是，杨梅去上班了。很快她也搬离了出租房，在公司宿舍住了。

为了找到自己理想的工作，张晴继续穿梭在京城的大街小巷，不断地投简历、应聘。可是遗憾的是，三个月过去了，张晴也没找到一份主管的工作。

“姐，要不你也来做服务员吧，待遇蛮好的，老板人也蛮好的。”一天，杨梅打电话劝张晴说。

“我再找找吧。”张晴说。在张晴看来，饭店服务员不是自己做的工作，自己好歹也是个大学生，是个有文凭的，绝不能去做服务员。

就这样，张晴主管的工作找不到，服务员的工作又不想做，迫于生计，张晴决定改行，在一家公司找到了一个文员的工作。但是，不久后，由于专业不对口，她又辞掉了文员的工作，开始寻找新的工作。

时间过得很快，转眼两年过去了。在这两年里，张晴做过编辑，做过秘书，做过销售经理，这些在她看来比较体面的工作，可最终都因为专业不对口而丢掉工作。两年里，她总在不停地换工作，可是，杨梅在那家酒店已经做到主管的位置了。

“妹，借点钱吧，老板又在催房租了，等我上班了拿到工资就给你。”这天，张晴打电话给杨梅。

“行，姐，你来我们酒店吧，先做三个月的服务员，之后我让你试着做领班。”杨梅说。

于是，在北京某大酒店里，酒店主管在为一个新来服务员分配工作。可是很少有人知道，这是一个高中学历的主管在指导一个酒店管理专业毕业的大学生。

难道是张晴的能力不如杨梅吗？不是的。张晴和杨梅命运的倒置，向我们说明了一个简单的道理：自己满意的职位是自己争取来的。人不怕起点低，就怕不去踏踏实实地工作。

进入社会有一个无形的门槛，当你昂首挺胸地过去，脑袋肯定要碰破。明智的做法是，从低洼出走，让即便很低的门也显得比你高，你就会顺利到达高处。

董益阳是一位博士，在找工作时，居然没有一家企业愿意聘用这位哈佛大学的高材生。

没有办法，董益阳决定换一种方法试试。他隐瞒了自己“海龟”的身份，去应聘程序录入员的工作。

不久，他就被一家软件公司录用了，做了一名程序录入员。

没过多久，项目主管发现，董益阳竟然能指出程序中的漏洞，这绝不是一般录入员所能做到的。这时，董益阳拿出了自己的学士证书。主管很惊讶，觉得在自己的项目组里藏龙卧虎，很快就给他调换了一个与本科毕业生对口的工作。

过了一段时间，项目经理发现，董益阳能对自己的项目提出不少有价值的建议，这比一般大学生水平要高很多。这时，董益阳亮出自己的硕士身份，项目经理又提升了他。

一年过去了，老板在考核员工的时候，发现董益阳比一般的硕士有水平，工作很出色，就找他谈了谈。这时，董益阳拿出博士学位证明，并介绍了自己在公司的工作经历。

老板了解情况后很惊讶，毫不犹豫地重用了董益阳。

所以，如果你想引起别人的注意，就得以一种低姿态出现在对方面前。如今，刚走出校园的大学毕业生面临着巨大的就业压力，在激烈的就业竞争中，理想的职业固然重要，但在没有更好选择的前提下，从低起点做起就是通向成功最平坦的路。

品悟人生

放下身架，以低姿态示人。如果你能屈就，你的竞争的强手就会相对较少，这样，你很快就能是大赢家。

悲观的态度是职场拦路虎

在职场中，大家都想能够得到了一份令人羡慕的工作，一个人人都想攀登的位置，可是，你有没有静下心想过：你凭什么可以获得这样优厚的待遇？也许你会说，一份好工作一定要有很强的能力，要想有很强的能力，就必须拥有高学历。但是在现实中存在这样的一个现实，在一些大公司的“金领”，也不见得都拥有很高的学历，他们当中的很多人并不是出自名牌大学，也不是都有硕士博士学历。所以，拥有一张高文凭，并不是通行职场的绿卡。那么，很多时候，又是什么阻碍了进军职场的道路呢?

一家跨国公司招了两名新员工，一个是管理硕士，叫朱学义。另一个是大学毕业新生，叫于宏伟，大学本科，也是学管理的。两个人实习期是三个月。

在实习期，公司并没有给他们定岗，而是让他们在公司干些小事、杂活。他们的工作内容甚至还包括了打扫厕所卫生，补充办公用品。

居然让他们做一个勤杂工做的事，这样的待遇让令朱学义大失所望，因为自己是硕士，在公司干些杂活，不仅觉得公司埋没了人才，更觉得公司在浪费自己的时间。于是，朱学义开始工作懈怠了，上班也不按时了，公司分配的杂事能敷衍就敷衍，能不做就不做。

主管看到朱学义这样的工作态度，于是就找他谈话，告诫他说，不管是什么学历，公司的新员工都要有做杂事、小事的能力和耐心，这是入职的必修课。

可是，主管的告诫并没有让朱学义转变态度，他反而觉得这是公司管理的失当，在他看来，自己应聘的是主管工作，就应该做主管该做的事，让一个高管去做勤杂工做的事，这是对员工的不尊重。

最后，因为朱学义经常迟到，工作不积极，不久就被公司解除了聘用。

而于宏伟觉得自己学历低，能进这样的跨国公司不容易，和朱学义不同的是，他很珍惜这份工作，对于公司分派的那些杂事、小事，他总是尽职尽责、任劳任怨。转眼间三个月过去了。于宏伟顺利通过了试用期，顺利签订了就业合同，随后被安排了一个待遇不菲的岗位。

所以，在通往职场的路上，高学历不是职场的通行证，态度才是职场的拦路虎。不要依仗你的能力而忽视那些小事，同样，你要是不争气的人，学历再高也没有用。

有句俗语叫做："一屋不扫，何以扫天下？"这句话揭示了一个不变的真理，那就是你要想获得成功，要想获得别人的认可，就必须先从小事开始，重视小事。

20世纪70年代，英国的威里克公司是一家闻名世界的机械制造公司，该公司的机械产品一问世就会迅速占领全球的机械市场，他们的产品也代表着当时机械行业最高水准。

洛克是一名出自剑桥大学机械制造业专业的高材生。在应聘该公司的职位，和许多应聘者一样，他在招聘会的第一轮面试上就被刷下来了。但是，洛克并没有没有服输，反而下决心一定要进入威里克重型机械制造公司。

于是，他先找到公司人力资源管理部，主动申请义务劳动，唯一的要求就是公司能给他一个工作的机会，对工作性质也没有任何的要求。对于这样的请求，该公司的招聘人员当然不会再拒之门外，于是分配给了他一份去机械制造车间清理废铁屑的工作。

一年下来了，洛克每天毫无怨言地重复这种勤杂工所做的工作，为了自己的生计，他每天下班以后还要去打工挣钱。尽管他做了一年无偿的劳动，可是还是没有人提及他会被公司正式录用。

不久，威里克公司的产品质量出现了问题，市场上无数的订单如同雪片一样被纷纷退订，公司即将面临一场前所未有的困境。为了挽救损失，公司管理层立即召开了一次解决商议对策的大会，可是会议上没有一个人能提出很好的建议，就在所有人一筹莫展的时候，洛克推开了会议室的大门，说自己有办法。

洛克对产品为什么会出现质量问题做出了合理的解释，并且就工程技术上的问题提出了自己的建议，还拿出了改进的设计图纸和方案。在他的这套方案里，不仅保留了原来设计的优点，而且消除了产品可能出现的隐患。

公司的总裁和总设计师被这个公司毫不起眼地无名小兵给惊住了，当即向人事部的人员问清了情况，最后公司决定任命洛克为公司负责产品生产的技术总监。

原来，洛克在这一年的工作中，利用打扫每一间车间的便利，细心察看了整个公司各部门的生产细节，并一一做了详细记录，获得了大量的统计数据，通过分析，他对公司的产品的改良早就胸有成竹，才使得当公司的产品质量出现了问题的时候，他能很快设计一套可行性的产品改良方案，从而让自己得到了公司的认可和重用。

洛克的成功并不是依靠他的高学历作为敲门砖，而是通过一些小事、小细节打开了求职的大门。

工作没有大事小事之分。很多时候，小事就是大事，大事也是小事。因此，那些一心想做大事的高学历的人，不要因为是小事就不屑一顾。要知道，即使你的学历再高，一件小事都做不好的人，也是无济于事的，你的高学历就会变得一文不值。所以，在职场中，不论你学历有多高，要想赢在职场，就要放下自己高贵的自尊，低下高贵的头颅，从手上的一些小事情做起，然后一点点铺就出一条光明的职场之路。

品悟人生

需要记住，当你拥有很高的学历时，这是你的一项优势，但是它并不是你赢得职场的通行证，只有当你放下架子，把身边的小事做好，你会发现你的成功之路会越走越宽，赐予你的机遇会从天而降。

没有卑微的工作，只有不争气的人

莎士比亚说："一份卑微的工作是要用一个高尚的心态去忍受的，一件最卑微的事情往往指向最伟大的目标。"这句话说明了无论你从事什么样的行业，只要争气，即使再微小的工作，也会把它做好，做完美，做"高尚"。

罗布·洛克琼斯出生在美国佛罗里达州的一个贫穷的单亲家庭，他创立了世界上唯一一个黑人教育中心。他不仅是黑人运动领袖，而且打碎奴隶制的枷锁，为他自己和他的种族带来了巨大的希望。

他总是教育自己的黑人同胞从最卑微的事情做起，教育他们如何在一些白人看不起的行业里学会生存的本领。最终，罗布·洛克琼斯成为了美国教育史上不可忽视的一位伟大的改革家和教育家。

在他年轻的时候，他在煤矿从事挖煤工作，邻居经常嘲笑他，说他"天生是一个干苦力的。"每当听到这样的话，罗布·洛克琼斯总会很认真地纠正说自己不仅仅是个挖煤的，而是给佛罗里达州带来温暖的天使。在寒冷的冬天，每次透过窗户他看到人们围着火炉高兴的样子，他都为自己是一个矿工而感到骄傲。

矿山老板罗纳家里缺一个服侍罗纳太太的佣人，虽然罗纳太太对用人要求非常苛刻，但罗布·洛克琼斯还是决定去服侍罗纳太太。于是，罗布·洛克琼斯由一名矿工变成了佣人。邻居们有嘲笑他说："看，我们的苦力变成家奴啦。"罗布·洛克琼斯听到后会笑笑说："罗纳太太对我很满意呀，我现在是她一个人的天使。"

的确，因为罗布·洛克琼斯工作很出色，罗纳太太很喜欢这个年轻人。为了报答罗布·洛克琼斯，罗纳通过自己的关系，让他每天下午去吉尼普顿学院听一个小时课。

就这样，洛克琼斯从一个苦力、家佣开始了全新的人生。最后，他成功了。

只要争气，往往在一些极其平凡的行业中，在极其低微的岗位上，蕴藏着巨大的“宝藏”。只要你能够降低自己的身价，培养出一种高尚的工作心态，即便你的工作再卑微、你的岗位再不起眼，你也能在“垃圾堆”里找到一块闪耀的“金子”。试问，从洛克琼斯的身上，可以看到还有什么样的工作让我们感到卑微？由此可见，无论你正在从事什么样的工作，要想获得成功，就要争气。当你用争气的心态去做一件苦难的事情时，你虽然弯下了腰，却升华了你的灵魂。

品悟人生

改变自己的心态，你更要去放低自己的心态，把头抬得更低一点，把腰弯得再弯一些，抱着一种卑微的心情都去做高尚的心态，这样才会赢得别人的尊重，赢得自己。

一步一个脚印就是走出底层的捷径

一步一个脚印，兢兢业业、任劳任怨，这就是走出底层的惟一捷径。

一个人告别学校，步入社会，如果你没有特殊的背景，那么，你职业生涯的第一步就是打工，而且要从最底层干起。一般人在这个人生的第一个转型期会感到不适应，本来嘛，在学校里，社会上所发生的一切只是你评判的对象，现在，你要置身其中，与那些你曾经那么强烈喜爱、反对、厌恶，当然还有曾漠视过的人和事为伍，与他们同呼吸，共生活，你首先会失去一段客观评价他们的距离，然后你会失去一份平常心，你会看到那么多的事情不顺眼，你会感觉到从未有过的压力和失落，你会体味到一个打工者的卑微和无奈……

如果把一个公司所有打工人员的构成比喻为一座金字塔，高高在上居于塔尖的是总经理，伏在塔底、默默耕耘、人数众多，支撑着塔身的是公司中最为普通的职员。如果你刚刚走上社会，你最容易关注到塔尖上荣光无限的老总们，而常常忽视了这些老总从塔底爬向塔顶的过程。

事实上，无论是谁，包括那些叱咤风云的商场精英，都有一个在最底层逐渐适应的过程。但是，谁能尽量缩短这个适应期，正视自己、尽快调整好自己的心态，谁就能脱颖而出。

不同的人有不一样的机遇和不一样的成功。但有一点是一样的：走好你的第一步，只有这样，你才能在人生的阶梯上步步升高，直至顶点。

虽然你身在底层，你的工作是那么的微不足道，你也许还有许多的失落和怨言，但是，你一定不能看不起你的工作。如果你认为自己的劳动是那样的卑贱，那么你永远也不会从自己的劳动中学到经验和技能，也就永远不可能获得事业的成功。

伯格和赫尔·凯恩在公司里学历是最高的，本以为到公司就会受到重用，进入重要岗位。可是安排下来的工作，令他们大失所望，他们仿佛成了杂务工。于是他们便开始私下埋怨。不同的是，伯格开始厌倦这份工作，常常打电话和留意招聘信息，随时准备跳槽，工作扔到一边，常常缺勤；赫尔·凯恩虽然心里不痛快，却仍然安心工作、任劳任怨，把它作为锻炼自己的机会，相信总有一天会赢得认可。他还深入了解公司情况，丰富自己的业务知识，熟悉工作内容。五个月后，结果可想而知，赫尔·凯恩被调到重要岗位，结束了单调而乏味的工作。而伯格还没找到其他工作，却已经被辞退。

今天，同样还有许多人认为自己所从事的工作是低人一等的。他们身在其中，却无法认识到其价值，只是迫于生活的压力而劳动。他们轻视自己所从事的工作，自然无法投入全部身心。他们在工作中敷衍搪塞、得过且过，并将大部分心思用在如何摆脱现在的工作环境上。这样的人在任何地方都不会有所成就。

所有正当合法的工作都是值得尊敬的。只要你诚实地劳动和创造，没有人能够贬低你的价值，关键在于你如何看待自己的工作。那些只知道要求高薪，却不知道自己应承担责任的人，无论对自己，还是对老板，都是没有价值的。

某些工作也许看起来并不高雅，工作环境也很差，无法得到社会的承认。但是，请不要无视这样一个事实：有用才是伟大的真正尺度。在许多年轻人看来，公务员、银行职员或者大公司管理人员才称得上是绅士，他们甚至愿意等待漫长的时间去谋求一个这样的职位。但是，花同样的时间他们完全可以通过自身的努力，在现实的工作中找到自己的位置，发挥自己的价值。

松下幸之助说："即使是乞丐也会立下宏愿，努力乞讨，以求致富。这就是工作！"

这句话的意思不是说志向愈高愈好。因为如果所立下的志愿超出自己的能力，或脱离了现实范围，也就成了妄想。"先衡量自己的工作能力，设计长远目标；从工作实际出发，制订长远的计划，一日一日地逐步去执行，才能达到理想。"这就是克拉博士给公司员工的临别赠言，真是语重心长。

品悟人生

当然，人往高处走，身在底层，心却应该站在最高处。只有给自己立下远大的志向，才会有奋斗的目标，否则浑浑噩噩地过日子，那岂不是虚度光阴吗？

不要把周围的环境当成低点定位的借口

因为生存环境差、个人起点低，有的人便认定自己会一辈子无所作为，于是，有意无意间，便用一个很低的自我定位把自己所有的潜能都封存起来，并振振有词地把自己的一事无成归咎于环境起点。

实际上，这完全是消极的心态在作祟。无论你身处逆境或顺境，消极被动的心态都会使你慢慢丧失活力与创造力。

一个小姐拿着一份招聘报，向她的新朋友讲述自己的工作经历：她的第一任老板是个严厉的中年人，那时她刚毕业，对公司的业务一点也不熟悉，老板却塞给她一大堆工作，拼命地找她碴，看她不顺眼，千方百计想在试用期满之前让她走人。第二任老板是“海龟”（海归），作风开明，有亲和力，她在那里工作很顺利，可慢慢地不知为什么，这个老板也开始变得爱找碴，最后竟为了一个小小的失误，炒了她鱿鱼！第三任老板……所谓当局者迷，旁观者清。目睹她近几年频频被裁的经历，就可以看出原因在于她消极被动的工作习惯。做第一份工作时，她没有经验，工作做得漏洞百出，但真正让老板生气的不是她的失误，而是她的工作态度：交代一样做一样，从不主动去学习，能躲过去的就不做，遇到困难就放弃……做第二份工作时，老板最初很看好她，因为交给她的任务完成得都不错。可一段时间后，她开始盲目满足，工作对她来说成了“混”饭吃的工具，她根本就不想再付出努力，老板一气之下“开”了她。以后的经历也大致如此，她就这样带着消极的工作习惯，一份一份地换工作，看来她很难取得什么成就了。

这个女孩认为自己倒霉，但却没有找到令她“倒霉”的真正原因。没有哪个老板会喜欢工作消极被动的员工，她真正该做的是克服坏习惯，立志进取。一个人一旦养成了消极被动的工作习惯，就会变得不思进取，目光狭窄，最后走向好逸恶劳，一事无成的深渊。所以无论你面对的是怎样的环境，都要保持积极进取的劲头。

有两个师范院校毕业的朋友，一个被分配到某所山村小学当老师，另一个却幸运地分到了城市小学任教。被分配到山村小学的A，抱怨自己的命不好，山村里信息闭塞，文化生活单调，吃的用的差，同事水平低，他的雄心壮志被磨得一点都不剩。他开始把课余时间消磨在麻将桌上，上课之前懒得备课，整天琢磨着怎么能调进城。一次教育局局长突然来听课，没有任何准备的他，被开除了。他难过地想：“如果当初我分在城里，那我一定会努力的，说不定现在已经是教学骨干了！”

被分到城里的B也下岗了。因为自从到了城里后，他与领导同事相处得不错，工作轻松、工资优渥，他觉得就这样过一辈子挺不错。他不再钻研教学方法，不再认真备课，很多孩子都把他叫做“催眠大师”。一段时间后、学校引进竞争机制，B被淘汰了。他想：如果当初我被分到农村，那就一定会努力学习，争取早日进城，而现在我却变成了被温水煮熟的青蛙！

看出这两人的问题了吗？是他们自己把消极被动的种子种在了心中。其实环境是不能成为他们消极被动的借口的。一个人一旦养成了消极的习惯，那么处于顺境便盲目满足、放弃努力，遇到成功便自我满足、停滞不前；处于逆境便轻易退缩、灰头土脸，遇到困难便轻言放弃，怨天尤人。这就是消极的种子最容易破土发芽的环境。

无论身处什么样的具体环境，一旦养成了消极被动的工作态度和习惯，就很容易不思进取、目光狭窄，慢慢地丧失活力与创造力，忘记了自己当初信誓旦旦的人生信条与职业规划，最终将走向好逸恶劳、一事无成的深渊。而最可怕的是生活态度的消极。工作上的消极、失败与无望，必然会对人的其他方面产生非常可怕的负面影响。想想看，一个人，消极地面对世界，满眼的灰色，为周围的朋友同事所不屑，该是多么的可悲！

环境，怎样是好？怎样是坏？标准并不在环境本身，而在于人如何自处：置身其间，不迷失自己，保持积极主动的精神，这样的环境再“坏”也是好环境，反之，再“好”的环境也是坏环境。顺境或逆境都不能成为消极被动拉低自我定位点的借口。

品悟人生

无论身处什么样的具体环境，一旦养成了消极被动的工作态度和习惯，就很容易不思进取、目光狭窄，慢慢地丧失活力与创造力，忘记了自己当初信誓旦旦的人生信条与职业规划，最终将走向好逸恶劳、一事无成的深渊。

只要你争气，就会走出低谷

朱元璋从一介乞丐成为千古帝王，毛泽东从本是一个农民的孩子，但他最终成为开国元勋。很多故事说明，起点不能决定终生命运。人只要去争气，不仅会改变自己的命运，有的甚至会改变很多人的命运。所以，一个人能否成功，不因他的起点怎么低，而是他奋斗的能量有多大。

阿马迪·贾尼尼的父母为了淘金，从意大利来到美国旧金山。他的父亲在硅谷不远的郊外买了一块土地，在那里开始了一家人的生活。就在贾尼尼7岁那年，他的父亲却意外被人杀死，两年以后，他的母亲改嫁了，搬到圣诺耶镇上居住。在贾尼尼12岁的时候，他和继父一起做起了水果和蔬菜批发生意。

年幼的贾尼尼总会被继父拉去一道卖菜，但贾尼尼似乎很喜欢做一些买卖上的事，每天一大早，他就会和继父一道赶着马车去瓦夫码头等待货船到来。当运果菜的船靠岸的时候，码头上喧嚣嘈杂的叫卖声就开始了。一直到早市散去以后，贾尼尼才回到学校上学。继父在做生意的同时，也把自己的生意经教给贾尼尼，很快贾尼尼就学会了叫卖用语、喊价和辨别果菜质量的方法，他也成了一个做生意的好手。

贾尼尼在半工半读中完成了小学的学业，毕业后，他被母亲送进了一所学制只有6个月的实务学校，用现在的话来说，也就是等于是给贾尼尼作了短期的职业培训。毕业后，就在继父的店里工作，那时，贾尼尼才15岁。别看从实务学校毕业后的贾尼尼只是一个少年，但因为常从事劳动的缘故，他已经长成一副成人的体格，并且身材长得高大健壮，而且性格也很爽朗，干活时从不叫苦，母亲常说他很像他的生父。在果菜市场上，贾尼尼很快就成了同行业里的佼佼者，他做生意头脑灵活、算账快，虽然还不到18岁，却已是市场上做买卖的行家了。

在市场上又经过几年的锻炼，贾尼尼开始对自己的买卖有了独特的看法。一天，他向继父建议："听说最近市场上柳橙和葡萄柚很好卖，我打听过，圣阿那的塔斯丁公司品质最好，我们买进来看看，怎么样?"

继父对贾尼尼说："那就试试看吧，要是真赚了大钱，我给你买金表。"

于是，贾尼尼用马车从遥远的圣阿那拉来了柳橙和葡萄柚，原本在加州极为罕见的柳橙和葡萄柚后来竟成了加州的特产，顾客蜂拥而至，贾尼尼也一下子赚了不少钱。继父也没有食言，为了兑现许诺，他给贾尼尼买了金表。

贾尼尼的另一个创举是亲自到菜农家里采购农作物，并和农民定下买卖契约。

在19岁那年，为了把自家的生意做得更大，他独自到萨克拉门多盆地的农家，在农作物未采收之前就与农民订立收购合同。这种做法是要付一部分定金的，但蔬菜和水果的价格却要比瓦夫码头上便宜得多，这不仅从贩运商手中夺过了利润，而且，比贩运商们买来的还便宜。农民也很高兴，因为一是及时地得到了定金，二是农作物的销路也有了保证。这是一个了不起的创举，也使贾尼尼赚了很多利润。从那以后，贾尼尼就被人们称为经商的奇才、鬼才。

在贾尼尼22岁的时候，当地一个富商的女儿克罗琳达成了他的妻子。在他32岁的时候，岳父去世了，贾尼尼代管了他的遗产。这是贾尼尼一生事业的一个转折点，他将自己当时在旧金山已是首屈一指的中间商经营权转卖给他人，转而开始去经营不动产。他的岳父原是当地一家银行的创始人，这是一家类似信用社的小银行，凭着岳父留下的股份，贾尼尼进入这家银行董事会当了董事。

贾尼尼来到银行后，很快就得到同事的尊敬和爱戴，但他却和银行的创建者夫坎西常因意见不合而发生争执，因为他们对银行经营方针的看法相差太大。

势单力薄的贾尼尼根本不是夫坎西的对手，于是贾尼尼就辞职而去，决定去开一家属于自己的银行。在离开哥伦布银行时，贾尼尼凭着自己的人格魅力，带走了这家银行的5名高级职员，又联络了自己的4

位朋友，连同他自己一共10个人，大家合股开办银行。这10个人中，有9个人都是意大利移民，因此银行的名称就叫意大利银行。

意大利银行成长的过程也不是一帆风顺的。

贾尼尼的第一个对手就是哥伦布银行，他发誓一定要打倒夫坎西。他先逼着哥伦布银行搬离办公楼，接着，又用重金挖走了哥伦布银行一位年轻而又能干的业务员，这位名叫佩德里尼的人是美国北海岸妇女们心目中的青春偶像，他能使女人们从床垫里取出金币来储蓄。事实证明，佩德里尼也没有辜负贾尼尼的厚望，在意大利银行迈向美国商业银行的成长过程中，他立下了赫赫功劳。

贾尼尼一方面把工作的重心放在小客户上，在他的银行里，小业主和农民能不用担保获得25美元低额贷款。贾尼尼的做法无疑扶持了农民和小业主，而这些人要是赚了钱，他们就会成为意大利银行的忠实储户，因为一般人都会具有这种感恩心理。另一方面，贾尼尼在悄悄购买哥伦布银行的股票，因为他相信总有一天自己能彻底打倒对手。

1906年，旧金山发生了举世震惊的大地震。在那些瓦砾堆上，失去家园的人们痛哭着，茫然若失。州政府发布了银行封锁令，地下金库的建筑受到损伤，处于动弹不得的状态。而损失惨重的商人们更是心急如焚，重建家园需要贷款，他们强烈呼吁银行赶快开门营业。但没有一家银行敢这么做。

在这种情况下，贾尼尼做出了一个大胆的决定：银行露天开业。意大利银行露天开业的消息传开后，出乎意料的是，来存款的人竟比贷款的人还多。鉴于火灾的教训，人们发现，钱放在床垫下面或衣柜里不如存到贾尼尼的银行里可靠。还有一个连锁反应是，从此以后，意大利银行顾客的范围大大地扩大了，许多非意大利籍的移民也把钱存到意大利银行，这意味着意大利银行的信誉和影响已非昔日可比。贾尼尼因祸得福，财运亨通，到这一年年底，他的银行存款总额已超过130万美元；而贷款总额则达到140万美元。股东们分到5%的红利。此后，贾尼尼又实行大银行资产的措施，使资产总额达到200万美元。由此意大利银行成为美国独当一面的商业银行。

没过几年，意大利银行就盖了属于自己的金融大厦。随后，贾尼尼开始收购兼并一些经营不善的地方银行。地方银行小股东正巴不得出让股份。因此，收购十分顺利。贾尼尼向妻子克罗琳达透露了这个想法："我要先在加州扩大意大利银行的分行网，要像蜘蛛网一样。然后，再伸展到纽约、美国、全世界。"

第一次世界大战结束后，美国出现了经济衰退的前兆。除了加州银行的破产率为4%以外，全国银行破产率已高达19%之多。但贾尼尼在威尔逊总统财政政策的保护下，在加州大力推行分行制度，当时，意大利银行的分行数量达到24家，总资产达9300万美元。在加州，意大利银行的存款额居第四位，而它的分行数量则居全美国第一位。1927年，贾尼尼开始进攻华尔街，这时，已成立控股公司的意大利银行企业，总资产已达2.17亿美元。他先后收购了属于华尔街的布鲁林克商业交换银行和华尔街中级投资公司——安索尼·歇色商行。之后，又收购了旧金山的自由银行和洛杉矶的商业银行，这样，贾尼尼成了当之无愧的世界金融巨头。

在普通人的眼里，一个普普通通的菜农成为金融界的领军人物，无疑是难于登天，几乎痴人说梦。可是，在这个世界上，一切皆有可能。从贾尼尼的故事中我们不难发现一个很平庸的人，或者基础很差的人，只要他懂得为自己命运争气，不断地从事某一件事，并且能不断地在其中进行钻研，那么，他就一定能成功。所以，在成功的道路上，起点不是决定成功的关键因素，就像贾尼尼一样，虽然说开始只是一个菜农，但他能争气，这样，就从一个最初极其平常的人，成为一个成功者。

品悟人生

起点不是决定成功的关键因素，就像贾尼尼一样，虽然说开始只是一个菜农，但他能争气，这样，就从一个最初极其平常的人，成为一个成功者。

争气的人，往往能在困境中选择崛起

狼在捕获猎物的时候，常常会遇到猎物的拼死抵抗，一些大型猎物有时还会伤及狼的生命。研究表明，狼捕猎的成功率只有7%～10%。一旦捕猎成功，狼还必须警惕其他想不劳而获的动物的袭击。除此之外，狼还必须时刻提防人类的捕杀。虽然狼的生存环境很恶劣，但是，它们正是在这种险恶的环境中选择奋起，才得以战胜对手。

对于人来说，困境并不可怕。可怕的是，在困境中迷失了前进的方向，不敢重新站起来。许多天才人物并不是天生的争气的人，他们的竞争意识与自我创新能力并非与生俱来，而是通过在困境中奋起逐渐形成的。

人生就像岁月的长河一般，有顺境，也有逆境。顺境时的喜悦犹如李白的“轻舟已过万重山”，逆境时则应学习刘禹锡的“沉舟侧畔千帆过”。

一只狼正在捕捉一只兔子。它追呀追，最后把兔子逼到一个洞里，可是由于洞里漏了一个石缝，这只兔子就从那个石缝中逃走了。狼很生气，便把洞口堵得严严实实，为下次捕猎做好了充分的准备。但是，却来了一只虎。老虎把狼逼到角落，狼吓得发抖，它后悔没给自己留一条后路。在老虎正准备向狼扑去的时候，狼并没有认命，而是使出全部力量纵身跳起，正好咬到了老虎的喉咙，老虎死了。

一只狼能咬死一只老虎，靠得是什么？就是狼在困境中选择了奋起一搏。莎士比亚说：“智谋处于急难，巧计生于临危。”只要勇于面对困境，就会走出黑暗，就能看见阳光。不要因为弱小而不敢与人竞争，也不敢轻易创新。弱者有自己生存的方式，只要相信弱者不弱，勇敢面对敌人，同样能取胜。

有一头驴子掉进了一口枯井，主人想了很多办法救它，但始终没能成功，主人为了不让类似的悲剧重演，决定把井填上。随着一锹锹的土撒下去，驴子明白了危险所在，开始悲愤地嚎叫。不一会儿，驴子停止了喊叫，将撒落在背上的土抖落到脚上，并站在上面，慢慢地，井填满了，驴子也跃出井外，得意地跑开了。

生活中，我们总会遇到各种各样的困境。如果陷入困境不能自拔，便会痛苦万状；如果你不被眼前的困难遮住双眼，有积极乐观的心态，转变看问题的角度，困难将不会束缚你的手脚。

面对挫折，一是要敢于正视它而不是消极地回避它，怨天尤人往往于事无补，应该保持积极、乐观、理智的人生态度。古代思想家老子在《道德经》中揭示了祸福转化的深刻道理："祸兮，福之所倚；福兮，祸之所伏。"这就告诉我们，在挫折和逆境中，蕴涵着成功和顺境。二是要客观、冷静地分析挫折产生的原因，特别是要多找找自身主观上的原因，从而最终找到战胜挫折的出路和方法。而找到了失败的原因就离成功不远，找到了克服挫折的方法就已经踏上了成功之路。三是要树立战胜挫折的信心并保持愈挫愈奋的顽强毅力。俗话说得好："困难是弹簧，你强它就弱，你弱它就强。"要想在挫折和逆境面前成为争气的人，就要有压倒一切困难的信心和毅力。

品悟人生

没有必要因落叶悲秋，也没有必要因挫折而放弃。因为一朵花的凋零荒芜不了整个春天，一颗星的坠落暗淡不了整个星空，一次挫折也荒废不了整个人生。

不怕起点低，自立自强最重要

有这样一则寓言，说的是当一只鹰冲向长空后，后面所发出的一支箭"嗖"的一声超过了它。但是好景不长，箭飞了一阵后便向下栽去，跌落到了地面上，它困惑地问鹰：“我为什么不能像你那样在天空飞得自由、长久呢?”鹰答道：“原因很简单，你靠的是别人一时的支持，我凭的是自己的力量!”

是啊，只有凭的是自己的力量，才可以长久地翱翔下去。现实生活中，像“箭”这样的人是屡见不鲜的，他们都曾倚仗别人的帮助盛极一时，但是不久就又都销声匿迹了。为什么会这样呢？就是因为别人的支持是不可靠的，即使别人有心扶持你，但你没有真才实学，迟早是会暴露出你自己的品行。再说支持与否，全凭他人一时的决定，具有很大的不稳定性。如果你只能靠别人扶着才能站立，那就永远是扶不起来的阿斗！你的命运捏在别人的手中，你只是别人手中的傀儡，或者说是一件工具，当你毫无利用价值时，他可以一脚把你踢开。

命运永远都是掌握在自己手中的，所以，千万不要抱怨别人为什么就能有房、有车又有稳定可靠的工作，活得潇洒，而自己一无所有。上天都是很公平的，天上不会掉馅饼，幸福生活是要靠双手去创造的，是用努力工作来获得的，做人要自强自立。

在当今社会中，各种竞争越来越激烈，如果我们一味依赖父母、家人和他人，缺乏自立自强的精神，缺乏独立生活的能力，一旦步入社会，就难以适应社会的需要。我们活在这世上，想要得到社会的肯定认可、别人的尊重信任，想要生活的幸福快乐，就必须做到自尊、自立、自强、自信！因此，只有从小锻炼克服困难的意志，培养自理生活的能力，长大才能成为生活的争气的人。

洪战辉自强自立的故事，已经成为人们心中效仿的典范，洪战辉是湖南怀化学院的一名大学生。从高中起，他一边勤工俭学，一边照顾患病的父亲和捡来的小妹妹，如今已是第 12 个年头了。在他 12 岁那年，他父亲由于精神病发作摔死了年仅 1 岁的妹妹，他的父亲在离家出走后的几个月后竟然带回了一个被抛弃的女婴。但由于贫寒的家境，他的母亲无力扶养这个被抛弃的女婴，决定把她送人，但洪战辉毅然决定留下了这个可爱的“妹妹”。可见他那善良的心地是多么的坚定和顽强！

留下妹妹以后，父亲依然病魔缠身，母亲不堪忍受家境的艰难弃家出走。从此，照顾家人的重担落在了年仅13岁的洪战辉的肩膀上。但他从未想过辍学。洪战辉考上了省重点高中后，由于学校离家太远，洪战辉决定带着3岁的妹妹上高中。这是他最艰难的时候。每天打工挣钱成了他繁重学业之后最大的任务。这期间，洪战辉虽然曾因为父亲再次犯病的原因而一度辍学，但他还是坚持下来了。2003年，他考上了湖南怀化学院经济管理系。

上大学后他把妹妹带在身边，找个学校让她读书，为了一家人的生活，洪战辉打工、做小卖，吃尽了多少苦头也从没有退缩过，不难想象，洪战辉忍受了多少常人都无法想象的艰难痛苦，表现出来的顽强意志也是一般人所不能做到的，生活如此困难，他甚至还用打工挣来的钱资助了另外一名贫困生。

洪战辉以他那不怕困难的顽强意志以及豁达乐观的人生态度，向我们展示了一位自强自立、笑对人生的坚强少年，相比之下，我们真是幸运多了，那么我们还有什么可抱怨的呢?

学学洪战辉的精神，像鹰那样自强不息，不依靠别人的帮助，要生存只有靠自己。

前人曾这样告诫:“把自己的命运交给别人，甚至交给某一两个人，自己一点也不动脑筋，只是相信别人，那太危险了。”是啊，不管多大的树都有倒下的一天，如果不想“树倒猢狲散”，就必须自立，靠自己的力量挣得光明前途，而不等待什么“救世主”、什么“神仙皇帝”的垂青。如今，在异常残酷的社会竞争中，难得有人真心诚意地拉你一把，但我们仍要独立自主，在任何事情上都是这样，没有什么是别人应该为我们做的，要想在社会中立足，就必须仰仗自己闯出一片天!

品悟人生

无数的事例告诉我们，我们得“吃自己的饭，淌自己的汗”，靠自己的劳动生活，不依赖别人，不安于现状，要靠勤奋去进取，靠自己的努力不断向上。

有一种成功叫争气

在很多人看来，成功者的起点往往比一般人要高得多，要么是借助祖上的荫功，要么是借助自己雄厚的经济实力，这样才会成功。但是，有一种成功叫争气。

在中国当代的经理人中，吴士宏被认为是一个极富传奇色彩和个性魅力的成功女士。她被称为是“打工女皇”，演绎了一段经典的“灰姑娘”的经历，但这些经历中不仅仅是幸运的因素使然，而是她是一个争气的人，这才让她一步步走向成功。

吴士宏出生于北京，父母都是知识分子，由于父母所谓的“政治问题”，1973 年初中毕业的吴士宏不能继续上学。之后，她被分配到一个街道小医院当护士。

十年过去了，中国的改革不仅在改变着中国，也在改变着吴士宏的眼界。吴士宏觉得，自己不应该永远就是一个街道小医院的护士，应该活出自己应有的价值。于是，她决定自学英语。她依靠一台小收音机，用了一年半的时间修完许国璋的三年英语教程，并通过成人高考取得英语专科学历。

吴士宏拿到了英文专业的大专文凭后，她获得了一份去 IBM 工作的机会。在进入 IBM 之前，有一个面试，吴士宏表现出了初生牛犊不怕虎的胆量。经理问她：“你知道 IBM 是家怎样的公司吗?”吴士宏马上回答：“很抱歉，我不清楚。”她说的是实话。“那你怎么知道你有资格来 IBM 工作?”“你不用我，又怎能知道我没有资格?”吴士宏脱口而出，这句话充分显示了她的自信和勇气。接下来，她用流利的英语说，她以前的同事和领导都相信她有能力做更多的事，如果能给她机会，她会以实际成绩来证实她的能力和资格。就这样，她被录用了。在这场面试的过程中，吴士宏充分表现了自己的自信和能力，她给予主考官的，是一种信任和认同感。IBM的面试像一面筛子。两轮的笔试和一次口试，吴士宏都顺利地滤过了严密的网眼。最后主考官问吴士宏会不会打字，吴士宏条件反射地说：会！“那么你一分钟能打多少?”吴士宏聪明地问：“您的要求是多少?”主考官说了一个标准，吴士宏马上承诺说我可以。因为吴士宏发觉考场里没有一台打字机，果然，主考官没有再加试打字。

实际上吴士宏从未摸过打字机。面试结束，吴士宏飞也似地跑回去，向亲友借了170元买了一台打字机，没日没夜地敲打了一星期，双手疲乏得连吃饭都拿不住筷子，吴士宏竟奇迹般地敲出了专业打字员的水平。以后好几个月她才还清了这笔不少的债务，而IBM公司却一直没有考她的打字功夫。

刚进入IBM时，她只是一个基层办事员，做的是繁琐的行政勤务，在职务上称做是“行政专员”，但工作的实质与打杂没什么两样，几乎什么都干。但是，正是这段“打杂”的工作对吴士宏影响也非常大，她觉得，自己身处一群无比优越的真正白领阶层中，吴士宏觉得自己真的没有能力，没有价值。或许正是自己的现状就是这样，她也很少获得同事的尊重。一次，有位资格很老的香港女职员向她她劈脸喊到：“如果你要喝我的咖啡，麻烦你每次把盖子盖好!”她把吴士宏当成经常偷喝她咖啡的毛贼了。这是人格的污辱，吴士宏顿时浑身颤栗。所幸每个人都有不断变化的机会，身处的环境中也不断会有新的刺激出现使人往上或往下走。在吴士宏身上，这种来自外界的不断刺激，当时就像不断有鞭子抽打着她，驱使她往上走。事后她发誓说：“有朝一日，我要有能力去管理公司里的任何人，无论是外国人还是香港人。”

在93年初，当时IBM在中国成立了独资分公司，在职的中国员工也就从外企雇员变成了外资独资企业的直接雇员，也就是说，吴士宏成了IBM的正式员工。因为在此之前，应聘外企的本地雇员是不可能进入公司管理层的，独资分公司的成立，在吴士宏的心里突然迸发出一个大胆的想法：“哪一天，我在IBM也可以成为一名经理!”那时，吴士宏只能把这种野心和梦想藏起来，不敢跟别人说，怕说出来别人笑话她。你想，在科技文化密集的IBM，硕士博士比比皆是，而吴士宏是个女孩，正规学历只有初中。

吴士宏要改变现状，把自己从最底处带领出来。有了应聘时要求打字的前车之鉴，她决定把事情做在前面。于是，她每天比别人多花6个小时用于工作和学习，为了通过计算机语言考试，她用两个星期的全部夜晚啃完一尺半高的教材；为了能够锻炼口才以适应推销业务，她把自己关在家里对着墙壁反复练习绕口令；为了练习专业术语快读，导致她咽喉充血不能吞食。于是，在同一批聘用者中，因为她掌握了更多的技能，第一个做了业务代表。

吴士宏知道，即使是面对这些繁琐、单调的工作，也要尽力把它做得最好。因为只有做得最好，才能有机会让上司关注到你，才能有机会培养你。吴士宏当时是这样想的，也是这么做的。在工作中，她总是尽力做到最好，并且勇于向领导展示自己的才能。

吴士宏的努力没有白费，吴士宏在IBM公司工作了12年，以勤奋好学工作拼命著称，终于从一名勤杂人员成长为高层管理。在管理层，她的能力很快得到了领导的肯定，在这个时候，她幸运地被IBM高层发现了，1998年2月吴士宏改任微软中国公司总经理，执掌世界上最富有公司的金印，1999年10月以后又任TCL集团信息产业公司总裁。2007年7月3日，TCL多媒体发布公告称，任命吴士宏女士为独立非执行董事及审核委员会及薪酬委员会之成员。

吴士宏曾对人说过她的成功秘笈，她说："我的成功，就是一直在为自己争口气。"世间任何的一种成功都是需要自己争口气。即使你现在还是一个碌碌无为的平凡者、普通人，只要坚持和吴士宏一样争气，成功那只是早晚的事。

让自己成功的最好办法就是自己争气，去做得更好，在体格上、在知识上、在智慧上、在实力上，使自己加倍成长，变得更加强大，使许多问题迎刃而解。

品悟人生

每个人都会遇到挫折，有些人或许会想：我是凡人，我失败了就一无所有了。这种想法是错误的，假如你因一时受挫，而对自己的能力产生怀疑，进而形成一种压力，那么，你一辈子就只能是凡人。

进取心让你离成功更近

个人进取心是一个人实现目标不可缺少的要素，它会使人进步，使人受到注意而且会给人带来机会。

日本松下电器公司总裁松下幸之助，年轻时家庭生活贫困，必须靠他一人养家糊口。有一次，瘦弱矮小的松下到一家电器工厂去谋职。他走进这家工厂的人事部，向一位负责人说明了来意，请求给安排一个哪怕是最低下的工作。这位负责人看到松下衣着肮脏，又瘦又小，觉得很不理想，但又不能直说，于是就找了一个理由：我们现在暂时不缺人，你一个月后再来看看吧。这本来是个托辞，但没想到一个月后松下真的来了，那位负责人又推托说此刻有事，过几天再说吧，隔了几天松下又来了。如此反复多次，这位负责人干脆说出了真正的理由，“你这样脏兮兮的是进不了我们工厂的。”于是，松下幸之助回去借了一些钱，买了一件整齐的衣服穿上又返回来。这人一看实在没有办法，便告诉松下，“关于电器方面的知识你知道的东西太少了，我们不能要你。”两个月后，松下幸之助再次来到这家企业，说：“我已经学了不少有关电器方面的知识，您看我哪方面还有差距，我一项项来弥补。”

这位人事主管盯着他看了半天才说：“我干这行几十年了，头一次遇到像你这样来找工作的。我真佩服你的耐心和韧性。”结果松下幸之助的毅力打动了主管，他终于进了那家工厂。

后来松下又以其超人的努力逐渐锻炼成为一个非凡的人物。

在成大事者的眼里，失败不只是暂时的挫折，失败还是一次机会，它说明你还存在某种不足和欠缺。找到它，补上这个缺口，你就增长了一些经验、能力和智慧，也就会离成大事越来越近。世界上真正的失败只有一种，那就是轻易放弃、缺乏进取。

巴尔塔是一位木匠的学徒，当他被派去建造衣橱时，他的周薪只有400美元。当完工后，看到他的客户对能善于利用空间以及他的手工品质而感到高兴时，巴尔塔想到了一个主意，他用从他第一位客户那儿赚到的工资，开了一家加州衣橱公司。

巴尔塔就凭着当时深受欢迎的“将拥挤的衣橱，转变成能有效利用的空间”的需求，在12年内就扩大成为全美拥有100多家加盟店的大企业，后引起其他衣橱制造业者一窝蜂跟进，巴尔塔便在1989年将他的公司以1200万美金的价格卖给了威廉斯·索诺马。

在成大事者来看，个人进取心还可以创造进步。你成大事的明确目标可能是有一天自己当老板，即使你将来没有当上老板，只要你为此努力过，你也不会后悔。

当你的人生处于低谷的时候，你就要学会自己改变自己，你就要学会自己拯救自己。因此，你一定要有这样一个习惯：不断用新目标来刺激自己的进取心。凡成大事者都时刻保持这样一个良好习惯。因此，当你想成大事，又不想保持这样的习惯，成大事恐怕只是笑话！

品悟人生

个人进取心，是你在挫折面前继续前进的动力，它会使你进步，使你受到注意而且会给你带来机会。在那些成大事者看来，个人进取心可以创造机会。

命运依靠自己改变

有人说，有对好父母就会幸福；也有人说，嫁个好人家就会幸福；还有人说，有个当官的亲戚就会很幸福……很显然，这些人是将自己的幸福寄托在别人身上。其实，人生的幸福不能靠别人，只能靠自己。俗话说：靠天靠地不如靠自己。自己的道路自己走，只有自己为自己奋斗，才能为自己创造幸福生活。很多时候，人生不能等着幸福来敲你的门，而是要依靠自己去博取属于自己的幸福。

有一个人生来就很不幸：他的父亲嗜赌如命，输了钱就拿他出气发泄；他的母亲嗜酒成癖，喝醉了就对他拳打脚踢。他常常是鼻青脸肿，皮开肉绽。由于家庭暴力的影响，他13岁便流浪街头。

一直到20岁的时候，他才幡然醒悟："如果这样下去，自己只能成为社会的垃圾，那岂不是和自己的父母一样了吗？自己不能这样做，我一定要走一条成之路！"

但是自己走哪条路呢？从政？自己又没有后台；进大企业去工作？自己又没有文凭；经商？又没有本钱……自己什么都没有，他不知道自己该干什么。

在看了一场电影后，他便决心去当演员，因为演员不需要后台，也不需要学历，更不需要本钱，只要依靠自己的努力就可以了。

但是，他不具备当演员的条件，他不仅有口吃的毛病，长相也很难看；他没有表演经验，也没有接受过任何专业的表演训练，更没有所谓的表演天赋。

但是他认为，这就是他人生的唯一机会，绝不能放弃，一定要成功！于是，他来到好莱坞，找导演，找制片……找一切可能让他成为演员的人。

"给我一次机会吧，我要当演员，我一定会表现得很好！"见到电影界的人，他总会这样说。

"看你这个样子，怎么可能做得了电影演员呢？"

"算了吧，我们才不会像你这样的人哩。"

"走远一点，这里不是你做梦的地方！"

"你死了这条心吧。"

"你不要再来了，我们公司不欢迎你。"

……

就这样，在两年时间内，他遭受到了1000多次拒绝。他有时候也不禁暗自垂泪：难道自己就没有希望了吗，难道赌徒、酒鬼的儿子就不能拥有幸福的人生吗？不行，我一定要成功！他想，既然不能直接成为演员，何不先写剧本，待剧本被导演看中后，再来要求当演员。

就这样，他一边打工维持生计，一边深入生活编写剧本。剧本写完了，他又拿着剧本找导演："用这个剧本，让我当男主角吧！"

有人看了看剧本，又立即还给了他；有人觉得剧本还行，但不可能让他当男主角；还有人看都不看，就把他轰出门去……总之，仍然没有人答应他，但他没有停止行动。天不负有心人。在他遭到1855次拒绝之后，一个曾拒绝过他多次的导演对他说："我不知道你能否演好，但我被你的坚忍所感动，我给你一次当主演的机会。"

此后，这个人成了好莱坞的大明星，这个人就是世界影迷心中的英雄——史泰龙。

在实现人生理想的路上，有很多人常常遭遇两三次碰壁就会放弃了，从史泰龙的身上，就可见他们为什么不成功了。如果他们能像史泰龙一样正确地对待自己，毫不懈怠地相信自己，那么他离幸福就不远了。很多人觉得人生总会有很多苦难，让人痛苦不堪。殊不知，当你将这些苦难踩在自己脚下的时候，你的人生就是会充满幸福。

经济大危机时，汤姆和妻子先后都失业了。但是为了生活，他们夫妻俩每天仍努力地找工作，可晚上回到家时，只能是望着彼此摇头，不停地叹气。

汤姆的父亲曾经是个拳击冠军，但如今他年老力衰，病卧在床了。

有一天，父亲的精神很好，他将满脸愁容的汤姆叫到床前，对他说了自己在某次赛事的经历。

在一次拳击冠军对抗赛中，他遇到了一个比自己高大的对手。因为自己是个矮个子，一直无法进行对其有效的反击，反而差点被对方击倒，连牙齿也被打掉了一颗。

休息时，教练鼓励他说："忍住，你一定能打到第12局！"

听了教练的鼓励，他也说："我不会怕，我应付得了！"

于是，在场上，虽然自己一直没有有效的反攻机会，但他也没有被对手彻底打倒。他跌倒了又爬起来，爬起来后又被对手打倒，一直坚持到了第12局。

就在第12局最后十几秒钟，可能是力气消耗的太多，对方的手开始发颤了，他抓住这最好的反攻时机，倾全力给对手一个反击，只见对手应声倒下，他因此获得了拳击生涯中的第一枚冠军。

说话间，因病痛苦的父亲额上全是汗珠，他紧握着儿子的手，吃力地笑着："没关系，我应付得了。"

汤姆含着泪说："放心，我们也一定能应付过去。"

从此以后，汤姆不再愁容满面，白天，他出去找工作，晚上就和家人开心地聚在一起。因为努力地找工作，不久，汤姆夫妇都找到满意的工作。很快，一家人又回到了宁静、幸福的生活中。

后来，每当家人遇到困难的时候，汤姆总会想到父亲说的那段话，他会告诉家里的每一个人，甚至是他遇到的每一个生活艰苦的人，那便是在困境中要告诉自己"我一定应付得过去"。

人生在世，好的命运要依靠自己去创造和改变。尤其在巨浪滔天的困境中，我们应随时赋予改变命运的力量，不断地告诉自己："我一定能应付过去。"这样，你才能获得人生的幸福。所以，幸福的人，一定要学会面对磨难。当我们有了一份靠自己改变命运的坚定信念时，困难便会在不知不觉中慢慢远离，生活自然会回到风和日丽的宁静与幸福当中。

品悟人生

学会依靠自己，你就会走出人生的低谷，而在你面前的天，将是一片湛蓝的天！

第三章

失既是得，换一种心态看逆境

面对逆境，我们何不给心态放一条生路，给自己一片蓝天；面对挫折要勇于面对，逃避永远无法解决问题，学会承担和承受，这样才能看得开，悟得透。

我们应该换一种眼光来看待曾经的苦难，换一种心态来对待生活，你会发现，生活依然有美丽的时候，幸福并没有远走，因为只要用心了，一切都会好起来的。

苦难是成长的催化剂

一位哲人这样说过：如果人的成长过程中没有不幸，那就是他人生的不幸。温室里的花草，经不起自然的风霜雨雪；母鸡的翅膀下，育不出高飞入云的雄鹰。事实的确如此，下面这个故事就是一个很好的例证：

曾经，美国的考门夫人收藏了一个天蛾茧。天蛾茧的形状是：一端一条细管，另一端是个球形的囊。当蛾出茧的时候，它必须先从球形囊爬过那条极细的管，脱身休息片刻，再接着振翅飞去。

蛾的身体那么肥大，而那条管子那么狭窄，人人都会惊奇它是怎样从细管中爬出来的。它肯定要碰到许许多多的困难，付出许多的代价和气力才做得到。据生物学家们说，蛾还是蛹的时候是没有翅膀的，蜕茧的时候，它要经过极艰苦的挣扎，以使身体内部的一种分泌液流到翅脉中去，这才生出极强有力的翅膀来。

天蛾出茧的那一天到了。那天，考门夫人刚好发现茧里的蛹发动。她整个早晨很有耐心地守在它旁边，看它努力奋斗和挣扎，可是没有看出它有什么进展。它似乎没有希望出来了。

等到中午，她决意去帮助它。她拿起小剪把茧上的丝剪薄了一些，以为这样一来它就可以顺利一些地爬出来。果然不错，天蛾毫不费力地爬出来了；但身体反常地臃肿，翅膀反常地短小。它不仅不能拍着翅膀飞翔，而且只蠕动了几下就死了。考门夫人感到莫大的遗憾。

我们每个人在一生中都免不了要经历一些困苦，总会遭受这样那样的苦痛和危机，随时都有可能让人们的身心受创。天将降大任于斯人也，必先苦其心志，劳其筋骨，饿其体肤……这是古代思想家孟子的一句话。它道出了一个真理：一个成功的人士，必定在其成长的时候经历过多次的苦难。

一粒小种子能长成参天大树，少不了那肥沃的土壤；一个人能成为成功的人士，也少不了培养他的土壤——苦难。

正如塞缪尔斯迈而斯所言："痛苦，就是用一只强有力的手，操纵一张沉重的铁犁，深深地犁进难以开垦的土地，但是这土地只要翻开，它的肥沃就会让土地结出丰硕之果。"

她原是一位普通得不能再普通的流动小贩，为了生存，她曾在小学门口卖过橡皮泥，卖过沙画，日子虽不富裕，但也能衣食无忧。如果说没有一次偶然的车祸，也许她会一辈子都以做这类小生意为生。

那天她像往日一样骑着三轮车去校门口卖沙画，途中，一辆急速驶来的小轿车撞翻了她的三轮车，她那用来做沙画的原材料散了一地，她自己也被撞得晕倒在地。她被送到了医院，她得救了，她借钱付了医药费出院后，却再也没有本钱去做沙画买卖了。绝境中，她突发奇想，去郊外挖了不少不用花钱的泥土回家，然后在泥土中加上颜料等材料，经过反反复复的制作，终于制成了彩泥，她将这些彩泥推荐给学校在手工课上让孩子们作画，结果大受孩子、家长和老师们的欢迎，她的彩泥得到了迅速的认可和推广，她成功了，现在她的彩泥已跨出国门，出口到了国外。

她不是画家，却创造了作画的材料，她没有受过高等教育，却用她的彩泥激发了孩子们的创造力和对作画的热爱。这一切，都归功于那次车祸，归功于那次绝境。如果没有那次车祸，她可能会一直在学校门口卖沙泥，直到沙泥没人买了，她再去卖其他的产品。她永远不会去想怎样利用不花钱的泥土去制作低成本的彩泥。

苦难是一种奇特的催化剂。恶劣的环境对人的意识是一种摧残，它同样也是一种磨炼。苦难对于人会产生不同的效果：一种是对生活的艰辛的消极埋怨，一种是对生活的珍惜。在苦难中生存过的人，往往会对生活心存感激，他们会把它当作是一笔巨大的精神财富，让他那净化了的心灵得以在喧嚣尘世中得以喘息。苦难的磨炼对于人的意志是一种考验，它会让人迅速成长，会对生活的产生不同理解。生活的沧桑是不会烙印在乐观人的脸上，他们的睿智会让他们产生积极的生活态度。催化人的也许会是生活的困难，但更多地会是由苦难转化而得来经验。它让人成长，也会让人成熟。所谓“千淘万漉虽辛苦，黄沙吹尽始见金”就是这个道理。

而今，有些人一经挫折便一蹶不振、意志消沉，这类人是不会有到达成功境界可能的。一个真正的成功者，他必能跨越失意的壕沟，克服种种的不幸，以不断的失败，当作磨炼自己的利器；以无数的苦难，当作引导自己走向成熟，走向成功的彼岸。

品悟人生

没有风吹雨打，哪会有秋实的成熟；没有刺骨的寒风，哪会有松柏的坚韧。在逆境中，不要一味地怨天尤人，要多考虑怎样克服困难。彼得逊说过：“人生中，经常有无数来自外部的打击，但这些打击究竟会对你产生怎样的影响，最终决定权在你自己手中。”

不景气的挫折也是机遇

人生总要面对挑战和挫折，其实挫折也是机遇。如果战胜挫折，你就获得了巨大的进步；如果在挫折面前倒下，你永远不会超越自己，做出事业来。这听起来像是纸上谈兵，但事实上也是如此。选择后者比较容易，而前者比较痛苦，但结果是完全不一样的。机会多的是，看你还能不能抓住。不要放弃！要相信挫折也是机遇。

现代社会，随时都有可能遇到困境，比如升学无望，或者就业不成，还有下岗待业，再如生意翻船……困境犹如船底水、云后风，伴随人生左右。

一位修理部的业主说，他在工厂工作时是个朴实能干、技术过硬的好员工，他靠勤劳所获的薪水养活一家人。然而，由于企业经营不景气，他成了下岗工人。工作没了，工资没了。当时，妻子治病需要钱，儿子读书需要钱，全家吃饭穿衣过日子处处都要钱，这个男子汉流泪了，但流泪之后是勇气。他先是去农贸市场卖菜，后又夏卖冰棍、冬卖水果，在那段刻苦努力的日子里，他还坚持看下岗时带回的一摞有关汽车维修方面的书。人们见他那么辛苦挣钱还努力学习，问他为什么，他调侃说："书就是粮食嘛！"没过多久，他租了一间门面开了汽车摩托车维修部，他不间断学习，使他的汽车摩托车维修工作一帆风顺。现在，他买了楼房，还送儿子读了大学。生活的转机使妻子心情舒畅，病也好了。他说："从内心讲，我得感谢下岗，要不，做梦也不敢想买楼。"

其实无论什么样的环境，都有可以把握的机会。失败给人启示与道理，成功让人积累经验，只要勇于面对各种困难，不怕挫折，自信就会从痛苦中产生，人生的路就会越走越宽，成功也就越来越近。

谁都无法避免挫折。挫折与困难也是一种机遇，绝境就是逢生的时候。从另一方面说，挫折也是机遇。挫折一般指人的某种追求因失败而产生的紧张状态情绪反应。受到挫折时的情绪与平常处境相比，遭受挫折的人反应会强烈得多，或愈挫愈奋，愈斗愈勇，或痛苦沮丧，一蹶不振。由此可以得到这样一个深刻的道理，提高经受挫折的能力对我们很重要。今天的社会瞬息万变，新生事物到处都是，对人的适应力要求大大提高，只有经受起挫折，才能适应社会。

漫漫人生路，无论我们多么一帆风顺，也会遇上一些麻烦，但每个困境都有其存在的正面价值，这种正面的价值或许就是一次机会，所以说挫折也是机会。

我们既然已经知道挫折是机遇，但是当挫折到来时，我们能不能承受得住呢？怎样提高承受挫折的能力呢？

首先面对挫折时，要努力使自己做到心理健康，保持心理平衡。因为心理健康是承受挫折能力的核心。俗话说，只要你自己不垮，别人是无法压垮你的。此句表明了个人心理健康的作用。心理健康有三个基本特点：认识自己、接纳自己、控制自己。如果不能接纳自己，就会失去了自信。

其次，在平常的生活中要主动经受一些实际磨炼。如碰上不开心的事，不要躲起来，也不要当局外人，而是勇敢地站出来承担自己的责任，学会处理各种各样的问题。假若一个人从小“身经百战”，再碰上挫折就会很容易处理好。

再次，当遇到挫折时要保持一颗平常心，少一些脾气。如今现代人大多是独生子女，一般都受到父母的宠爱，走上社会仍然很娇贵，容易过度自尊，这往往是悲剧的种子。其实只要正确对待挫折，挫折就不会整垮人。

品悟人生

老天是最公平的，就像它对狮子和大象一样，每个困境都有其存在的正面价值，这种正面的价值或许就是一次机会，所以说挫折也是机会。

不景气不是坏事，它会激发你的潜能

人潜能的激发，往往来源于他人对你的折磨。修行者有句名言：“不吃苦，就不能成佛祖。”这句话提醒我们，唯有经过层层的考验与磨炼，我们才能苦尽甘来，安稳地享受我们应得的成果。

爱迪生小时候曾被学校的老师认为愚笨而失去了在正规学校受教育

的机会。老师的结论对爱迪生和他的母亲是一个巨大的打击，可是他的母亲并没有因此而放弃对爱迪生的教育，她认为，把自己孩子教育成功是对那些认为爱迪生愚笨的人最好的回击。因此，在母亲的悉心帮助下，经过独特的心脑潜能开发。爱迪生最终成为了世界上最著名的发明大王，一生完成2000多种发明创造，他在留声机、电灯、电话、有声电影等许多项目上进行了开创性的发明，从根本上完善了人类生活的质量。

每个人的自身都是一座宝藏，都蕴藏着大自然赐予的巨大潜能和无限潜力。美国学者詹姆斯根据其研究成果指出："普通人只开发了自己身上所蕴藏能力的1/10，与应当取得的成就相比较起来，每个人不过是半醒着的。"由于很多人生在平和的环境里，使得很多人没有将内在的潜能淋漓尽致地发挥出来。在我们身上没有得到开发的潜能，就犹如一位熟睡的巨人，一旦受到激发，便能发挥"点石成金"的力量。

通常情况下，大多数的人，都习惯安于现状，习惯了按部就班的生活，习惯于从事那些让自己感到安全的事情，习惯于表现自己所熟悉、所擅长的本领，从而不愿意去改变自己的生活及探索未知的领域。那么，自身的潜在能力也就始终得不到挖掘，所有的潜能也都在机械地操作中埋没，并随着年龄的增长，肌体的变化而渐渐消失了。在我们的日常生活中，只有那些把折磨变成动力的人，才能激发内在蕴藏的能力，从而比他人更容易获得成功。

有这样一个在城市打拼的农民工，他在经过一栋写字楼时，看见一群西装革履的年轻人手里提着黑色皮包经过，相对比自己寒酸的样子，这两者巨大的反差强烈地刺激着他，他在痛苦的同时更情不自禁地感慨说："将来有一天，我也会像他们一样，活得比他们还精神，活得比他们还成功。"

于是，这位年轻人开始努力地工作和学习，他不再为贫穷的家庭环境而整日愁眉不展，而是梦想有一天他可以出人头地，最终有一个辉煌的人生。但由于生活环境的限制，在两年的努力之中，这位年轻人并没有达到自己的目的，还是没有取得成功。

在这期间，这位年轻人吃了不少的苦，他烧过锅炉，当过保安，只要是能养活自己的活他几乎都去做了。就这样这位年轻人同样没有在事业上取得丝毫的进展，他只是做了一件事，就是在这段时间里所做活挣的钱只够养活自己。三年后的一天，他和一位朋友去听了一场关于成功励志方面的精彩演讲。在演讲大师那抑扬顿挫、绘声绘色、口若悬河的演讲中，他开始认识到自己的不足，从那以后他开始自学，不断地改变自己。

在12年后，令人吃惊的事发生了，在人们眼中一无是处的穷小子摇身变成了一位身价过亿的大富翁，成了一位街头巷尾人们谈之不尽的人物。他就是现在知名企业家霍承彦。

由此可见，一个人的成功就在于能利用外界的刺激把自己的潜能激发出来，这样自己才有鞭策力，使自己有企图心。因此世界顶尖潜能大师安东尼·罗宾说："并非大多数人命里注定不能成为爱因斯坦式的人物，任何一个平凡的人，只要发挥出足够的潜能，都可以成就一番惊天动地的伟业。"其实，这种最佳的"激发"，往往就是来源于他人对你的折磨。

成功的"秘诀"并不在于他们的大脑内部比起其他人有多么与众不同，总结一句话就是："无论你正陷于人生的低谷时期，还是沉浸在他人怀疑、否定的苦涩之中，你都不要怀疑自己的能力，以积极的心态加上勤奋努力，你就一定能激发生命的潜能，创造出人生的奇迹。"

品悟人生

修行者有句名言："不吃苦，就不能成佛祖。"这句话提醒我们，唯有经过层层的考验与磨炼，我们才能苦尽甘来，安稳地享受我们应得的成果。

吃苦的亏值得一吃

人们都喜欢追求物质的享受，不希望自己吃苦。所以与人共事，一旦自己吃苦了，就认为吃亏了。但是，苦的生活对人来说是一种磨炼，是锻炼一个人意志品质的一个重要方式，同样也是培养人们具有远大的人生志向和浩然正气的途径。一个人如果能够忍受住苦难生活的磨炼，在人生道路上遇到任何艰难险阻都不会害怕了。历史上不乏利用苦难来磨砺自己的例子。

明朝的宋濂颇得明太祖朱元璋的器重，被人认为是明朝开国大臣之中的佼佼者。

宋濂年幼的时候，家境十分贫苦，但他苦学不辍。他自己在《送东阳马生序》中讲："我小的时候非常好学，可是家里很穷，没有什么办法可以寻到书看，所以只能向有丰富藏书的人家去借来看。因为没钱买不起，借来以后，就赶快抄录下来，每天拼命地赶时间，计算着到了时间好还给人家。"正是这样他才得到了丰富的学识。

有一次天气特别寒冷，冰天雪地，北风狂吼，以至于砚台里的墨都冻成了冰，家里穷，哪里有火来取暖？宋濂手指冻得无法屈伸，但仍然苦学不敢有所松懈，借来的书坚持要抄好送回去。

到了20岁，宋濂成年了，就更加渴慕圣贤之道，于是一个人背着书箱，拖着鞋子，从家里出来，走在深山小路之中，寒冬的大风，吹得他东倒西歪，数尺深的大雪，把脚下的皮肤都冻裂了，鲜血直流，他也没有知觉。等到了学馆，人几乎冻死，四肢僵硬得不能动弹，学馆中的仆人拿着热水把他全身慢慢地擦热，用被子盖好，很长时间以后，他才有了知觉，暖和过来。

为了求学，宋濂住在旅馆之中，一天只吃两顿饭，什么新鲜的菜，美味的鱼肉都没有，生活十分艰辛。和他一起学习的同学们一个个华服奇丽。但是宋濂不以为那是什么快乐，丝毫也没有羡慕他们，而是穿着自己朴素无华的衣服，不以为低人一等，不卑不亢，照样刻苦学习，因为学问中有许多足以让他快乐的东西，那就是知识。他根本没有把吃的不如人，住的不如人，穿的不如人这种表面上的苦当回事。正是宋濂能忍受穷苦，自得其乐，才能成就一番事业。

在现实生活中，遇到一点困难就叫苦连天的人是不会有出息的。苦与甜是相对的，它们之间有着必然的联系。只有先吃苦，或者能够吃得下来苦的人，方能享受到人生的香甜。

有一个人乘船渡江时，他看到浩浩荡荡的江水，气势磅礴，非常欣赏。可是不久，狂风刮来，惊涛骇浪，动天撼地，一叶小舟起伏不定，让人害怕。他吓得嘴张得很大，再也没有心思来欣赏江上的美景。风过后，又是一片宁静美丽的风光。他静下心来，想起自己刚才的恐惧，又看看摇船的人若无其事的样子。便问：

"你不怕这么大的波浪吗?"

"怕什么，不就是水嘛!"

无论是波涛，还是静水，它们都是水啊！快乐或痛苦都是生活。被外在东西所迷惑，就发现不了生活的真谛。世间能建立起大功德的人，往往都是从逆境中崛起的。为此，弘一法师有一个磨镜之喻，他说："你见过磨镜老人吗？他坐在门口，手中拿着一面铜镜在石头上面磨。铜镜昏暗，铜镜如血。他日复一日地磨，手都磨出泡了，铜镜依然昏暗。但他不管，一直磨下去，相信功夫不负有心人。直到有一天，铜锈尽开，他住了手，取清水一冲，明晃晃的清光就亮出来了，镜就磨好了。我们修行也是这样，不管心底多昏暗，前途多么坎坷，磨下去自然就会光亮平坦。"

其实，做人就像磨镜。人之所以能成功，乃至建功立业，是需要一番磨炼的。一个人能够放弃世人羡慕的舒适生活，进行"苦修"，造就了比常人不能具有的吃苦精神，就能取得巨大的成就。一个人只有在吃苦的环境中才会得到锻炼，从吃苦中获得收获。

品悟人生

苦与甜的相对的，它们之间有着必然的联系。只有先吃苦，或者能够吃得下来苦的人，方能享受到人生的香甜。

别把被踢一脚都定位成坏事

生活中，我们有时难免会碰到一些心存恶意的人，他们会不由分说就“抓你几把”，“踢你一脚”，但不要憎恨他们，因为有时候这种伤害会成为你成功的动力。

在东方一个美丽的国家里，国王唯一的女儿已经到了适婚的年龄，但却一直没有找到意中人，国王为此十分着急，终于公主提出了自己的择婿条件：他必须是全国最勇敢的年轻人！于是国王就决定通过比赛来招亲。比赛招亲规定：以城外一百米为起点，第一个跑过五十米平地和游过五十米护城河的便是冠军。冠军者，可任选“良田万亩”“黄金万两”或“招为驸马”。

一声令下，成千上万的勇士们如脱缰野马般往前跑，跑到护城河边，眼前的景象让所有人目瞪口呆：几百条鳄鱼在河里张牙舞爪地游着！

一分钟、二分钟、三分钟，没有一个人往下跳，五分钟过去了，场上还是寂静无声。正当大家无比失望之际，就听“扑通”一声，一名男子在池中拼死前游。国王兴奋地大呼：“加油！加油！”所有在场的人也放开喉咙为勇士喝彩。

奇迹出现了：小伙子满身鲜血、全身衣服无处不烂，可以说是九死一生，但居然游过了护城河。

小伙子的勇敢震慑了所有的人，国王激动地紧紧握住了小伙子的手。丞相则毕恭毕敬地对小伙子说：“年轻的勇士，你可以任意选择国王为你而设的三个奖项。请问，你想要良田万亩吗？”小伙子拼命地摇头。丞相又问："那你是想要黄金万两吧？"小伙子头摇得更厉害了。丞相笑了："年轻的勇士，你不但拥有神将般的勇气，而且还拥有上帝般的智慧，你一定是选择第三条，要做我国的驸马爷。那么，你不但可以有良田万亩黄金万两，同时还可以得到世上最美丽的妻子。是吗？"

气喘吁吁的小伙子，费力地挺了挺身子，哑着声音说："不"，全广场的人都愣住了，小伙子接着转过身，向丞相大吼："刚才是哪个人把我踢下水去的？"

这个故事的结尾似乎有点可笑：唯一的一个"勇敢者"，是因为被人踢了一脚才游过护城河的。这个让他愤怒至极的意外，却帮他成为了大英雄。故事中那个"勇敢"的小伙子如果真当了驸马，那他就应该感谢那个踢他下水的人才是，因为正是那一脚给了他机会和勇气。孟子能成名，要感谢三迁的严母；万科放弃多元化，集中搞"房地产"获得成功，应该感谢"逼宫"的君安，因此如果没有人踢你那一脚，你也就没有勇气跳进满是"鳄鱼"的"护城河"，更不可能摘到胜利的果实。

生活中，常听到有人抱怨，"这件事本来可以做好的，怎么会失败了呢？"这样抱怨的人在做事的时候一定是怀着这样的想法：这件事即使做不好也没关系，我还可以……正是因为你给自己留了后路，做起事来才不会全力以赴，如果当时有人狠狠"踢"你一脚的话，你就会不顾一切奋勇向前了。

有一家人住在一所破旧的房子里，一天晚上，一个和他们有仇的人用火点着了他们的房子，一家人毫无损伤，但房子却烧了个一干二净，而冬天马上就要到了。看着家人难过的样子，父亲很快振作了起来。"大家一起动手吧！我们要尽快住进新房子里。"在一家人的努力下，房子很快盖好了。圣诞夜大家坐在又大又暖的新房子里吃晚餐，这时父亲说："让我们一起为点火烧我们旧房子的人祈祷吧！如果没有他，我们现在还住在透风的旧房子里呢！"

当这家人还有旧房子住的时候，他们可能也考虑过建新房子的问题，只不过惰性使他们搁置下了这个问题，房子被烧之后，拆不拆旧房子的顾虑和建不建新房子的犹豫一下子就没有了。一无所有时，也就没有了选择的犹豫，没有了再固守现状的可能，唯一需要做的，唯一能做的就是勇往直前，做到最好。

希望在每个关键时刻，都有一个人来狠狠“踢你一脚”，帮你大胆地迈开步子，走向你渴望已久的成功。

品悟人生

生活中，我们有时难免会碰到一些心存恶意的人，他们会不由分说就“抓你几把”，“踢你一脚”，不要憎恨他们，因为有时候这种伤害会成为你成功的动力。

小事的折磨是你成功的台阶

每一个人所做的工作都是由一件件小事组成的，但人们不能因此而忽视工作中的细节。职场的优秀者和平庸者最大的区别就是：优秀者从不认为自己所做的事是简单的小事。很多时候，一件看起来微不足道的小事，或者一个毫不起眼的细节，却能起到关键的作用。

希尔顿饭店的创始人、世界旅馆业之王康·尼·希尔顿就是一个非常注重小事的人。他经常这样要求他的员工：“大家牢记，万万不可把我们心里的愁云摆在脸上！无论我们饭店遭到何等的困难，希尔顿服务员脸上的微笑永远是顾客的阳光。”正是这小小的微笑，让希尔顿饭店获得了极佳的声誉。

饭店的服务员每天的工作就是对顾客微笑、打扫房间、整理床单等小事；快递员每天的工作也是送递邮件。他们是否对此感到厌倦、毫无意义而提不起精神？但是，这就是他们的工作，他们必须做好它。

一位年轻的女工进入一家毛织厂以后一直从事织挂毯的工作，做了几个星期之后她再也不愿意干这种无聊的工作了。

她去向主管辞职，无奈地叹气道："这种事情太无聊了，一会儿要我打结，一会儿又要把线剪断，这种事完全没有意义，真是在浪费时间。"

主管意味深长地说："其实，你的工作并没有浪费，虽然你织出的只是很小的一部分，但是它是非常重要的一部分。"

然后主管带着她走到仓库里的挂毯面前，年轻的女工呆住了。

原来，她编织的是一幅美丽的百鸟朝凤图，她所织出的那一部分正是凤凰展开的美丽的羽毛。她没想到，在她看来没有意义的工作竟然这么伟大。

可见，工作并无小事，每一件小事都可以算是大事，要想把每一件事做到完美，就必须固守自己的本分和岗位，付出自己的热情和努力。这就是做出了最好的贡献。

职业道德要求我们每一个员工对待小事和对待大事一样认真。许多小事并不小，那种认为小事可以被忽略、置之不理的想法，只会导致工作不完美。

美国标准石油公司曾经有一位小职员叫阿基勃特。他在出差住旅馆的时候，总是在自己签名的下方，写上"每桶4美元的标准石油"字样，在书信及收据上也不例外，签了名，就一定写上那几个字。他因此被同事叫作"每桶4美元"，而他的真名倒没有人叫了。

公司董事长洛克菲勒知道这件事后说："竟有如此努力宣扬公司声誉的职员，我要见见他。"于是，洛克菲勒邀请阿基勃特共进晚餐。

后来，洛克菲勒卸任，阿基勃特成了第二任董事长。也许，在我们大多数人的眼中，阿基勃特签名的时候署上"每桶4美元的标准石油"，这是小事一件，甚至有人会嘲笑他。可是这件小事，阿基勃特却做了，并坚持把这件小事做到了极致。那些嘲笑他的人中，肯定有不少人才华、能力在他之上，可是最后，只有他成了董事长。

可见，任何人在取得成就之前，都需要花费很多的时间去努力，不断做好各种小事，才会达到既定的目标。

一个人的成功，有时纯属偶然，可是，谁又敢说，那不是一种必然呢？恰科是法国银行大王，每当他向年轻人谈论起自己的过去时，他的经历常会令闻者肃然起敬。人们在羡慕他的机遇的同时，也感受到了一个银行家身上散发出来的特质。

还在读书期间，恰科就有志于在银行界谋职。一开始，他就去一家最好的银行求职。一个毛头小伙子的到来，对这家银行的官员来说太不起眼了，恰科的求职接二连三地碰壁。后来，他又去了其他银行，结果也是令人沮丧。但恰科要在银行里谋职的决心一点儿也没受到影响。他一如既往地向银行求职。有一天，恰科再一次来到那家最好的银行，“胆大妄为”地直接找到了董事长，希望董事长能雇用他。然而，他与董事长一见面，就被拒绝了。对恰科来说，这已是第52次遭到拒绝了。当恰科失魂落魄地走出门口时，看见面前的地面上有一根大头针，他弯腰把大头针拾了起来，以免伤人。

回到家里，恰科仰卧在床上，望着天花板直发愣，心想命运为何对他如此不公平，连让他试一试的机会也没给，在沮丧和忧伤中，他睡着了。第二天，恰科又准备出门求职，在关门的一瞬间，他看见信箱里有一封信，拆开一看，恰科欣喜若狂，甚至有些怀疑这是否在做梦，他手里的那张纸是银行的录用通知。

原来，昨天就在恰科蹲下身子去拾大头针时，被董事长看见了。董事长认为如此精细谨慎的人，很适合当银行职员，所以，改变主意决定雇用他。正因为恰科是一个对一根针也不会粗心大意的人，因此他才得以在法国银行界平步青云，终于有了功成名就的一天。

于细处可见不凡，于瞬间可见永恒，于滴水可见江河，于小草可见春天。上面说的都是一些“举手之劳”的事情，但不一定人人都愿“举手”，或者有人偶尔为之却不能持之以恒。可见，“举手之劳”中足以折射出人的崇高与卑微。

品悟人生

任何小事都要求我们必须具备一种脚踏实地的态度，正是我们对一些小事情的处理方式，决定了我们是否出类拔萃。

多经历折磨，让你早日“成人”

如果你从未经受过任何灾难，平平安安地度过人生几十年，而且一切也都不错，我们只能说，你是个有福之人。但是，你要想体会事业上的成功，就必须跳出目前的“糖罐子”，因为一个什么都不错的环境是不可能造就出非凡的成功的。

只有曾经沧海的人，才可能理解这句话的真正含意。这是一句广义上的生活真理：一个沉浸在幸福环境中的人，不可能放弃自己的优越条件去挣辛苦钱，也不可能有打破现状的魄力。

幸福是一种精神鸦片，它让许多本该奋起的人放弃了努力，让许多完全可以成功的人走向了事业的失败。

因为它有个令人无法抗拒的理由：你很幸福，所以你应该满足了！在幸福这只糖罐子里长久浸饱的人，一般都患有软骨症，无力采取改变现状的行动，也经不起失败的打击。

幸福的爱情只有在它成为事业的动力时才应该算是幸福。否则，当你把幸福的爱情当作人生唯一的目标而彻底满足时，事业面前，你就变成了一只懒惰虫。幸福对老年人才是最重要的，也是他们追求的目标。因为事业和成功对于他们来说已成为过去。年轻人一味地追求幸福或就此沉浸于幸福之中不思进取，这无疑是一种玩物丧志的行为。

幸福的人生是最完美的人生，但它是来之不易的。只有年轻时不懈努力，为争取长久的幸福赢得资格，才能够成就自己完美的人生。

糖对于现代人来说，几乎成了一种毒药，它是很多疾病的根源：糖尿病、肥胖症、蛀牙等等。幸福也是这样，过量的食用就会给你的事业造成危害。

我们当然要追求幸福，这和承受苦难并不矛盾。因为经历了人生的挫折和苦难，你才能够更深刻地体味幸福。阳光总在风雨后，只有经历了风雨，你才知道阳光的可贵。

成功的道路从来曲折坎坷，如果你想绕过去，你就没法尝到胜利的甜美滋味。你不能给自己退路，如果遇到挫折你就退回到自己安逸的环境中去，那你遭遇困境时的凭借就会成为你人生的最后依托。“置之死地而后生”就是这个的意思。

即使不懈努力，同样难以避免失败的打击。

看看以下几位名人成功之前的失败记录吧：

史泰龙，在成为巨星前，无论求职、写剧本，共遭遇1500次嘲讽，1800次的拒绝。

约翰·克里西（英国著名作家），成名之前共收退稿笺743份。

爱迪生，在电灯发明成功之前做过约一万余次试验。

多梅尔（法国马赛的一位警官），为了缉凶，行程近二万里，查阅了高十几米的资料，打了几十万次电话，坚持了52年而破案。

……

事实证明：只要你具有试一万次而不气馁的恒心，你就能够点石成金。

自认为是条龙的人，在生活中决不会以一条虫的标准来要求自己。

沙莉·拉斐尔现在是美国一家自办电视台节目主持人，曾经两度获得主持人大奖。每天有800万观众收看她主持的节目。在美国的传媒界，她就是一座金矿，她无论到哪家电视台、电台，都会给单位带来巨额的回报。

然而她在职业生涯中曾遭遇了18次辞退，她的主持风格曾经被人贬得一钱不值，在她第19次爬起来之后她终于成名。

最早的时候，她想到美国大陆无线电台工作。但是，电台负责人认为她是一个女性，不能吸引听众，理所当然地拒绝了她。

她来到波多黎各，希望自己能有好运气。但是她不懂西班牙语，为了熟练语言，她花了3年时间。然而，在波多黎各的日子里，她最重要的一次采访，是一家通讯社委托她到多米尼加共和国去采访暴乱，连差旅费也是自己出的。

在以后的几年里，她不停地工作，不停地被人辞退，有些电台指责她根本不懂什么叫主持。

1981年，她来到纽约的一家电台，但是很快被告知：她跟不上这个时代。这太令人绝望了，她简直痛不欲生。她几乎被彻底摧毁了。为此，她失业了一年多。

有一次，她向一位国家广播公司的员工推销她的清谈节目策略计划，得到他的肯定。然而不幸的是，那个人后来离开了广播公司。她再向另一位职员推销她的策划，这位职员对此却不感兴趣。她找到第三位职员，请求被雇佣。此人虽然说同意了，但却不同意她搞清谈节目，而是让她搞一个政治类节目。

她对政治一窍不通，但为了生活，她不想失去这个工作，她开始发奋补习政治知识。

1982年的夏天，她的政治内容节目开播了。她娴熟的主持技巧和平易近人的风格，使得许多听众打进电话来讨论国家政治行动，包括总统大选。这在美国的电台历史上是没有先例的。她几乎是一夜成名，她的节目成为全美最受欢迎的政治节目。

挫折会激发起人奋进的力量，幸福安逸有时候是一种温柔的羁绊，成功的道路上，我们面对困难要淡定，因为困难过后是春天。

品悟人生

苦难是事业成功的助力，要想成大事，没有经历大灾大难的精神准备是很难成功的。

不景气的开始成就幸运的成功

幸与不幸没有标准，它只是一种心态——无论在什么情况下，只要你觉得自己是幸运的，那么你就是幸运的。反过来：遭受一点挫折，马上大呼不幸，那也只能让你感觉自己更加不幸。如果你把一点点的不幸置于显微镜下面，你甚至会被自己看到的一切吓倒。不景气的开始的感觉只能把你带进绝望的深渊不可自拔。

一位将军率船队在海上航行，途中遇上了暴风雨。一名士兵因是第一次乘船，所以吓得不停地狂喊乱喊，大哭不止，让船上的人几乎都受不了，因为这让本来并不担心的人们开始感到了恐惧。将军气恼地想下令把他关起来。

这时将军身旁的一位校官说："不要关他，让我来处理。我想我可以使他马上安静下来。"校官随即命令水手将那位士兵绑起来，丢入海中。那个可怜的家伙一被丢下海，手脚乱舞，狂呼救命。过了几秒钟，校官才叫人把他拉上船来。

回到船上后，说也奇怪，刚才歇斯底里大叫的士兵，静静地待在舰舱一角，半点声音也没有。

将军好奇地问这个校官何以会如此？校官答说："在情况转变得更加恶劣之前，人们很难会体会到自身是多么的幸运。"

这位校官是位高明的逻辑学家，在他的手中，幸运就像球拍，而不幸则是球——只有"幸运的球拍"才能将"不幸的球"狠狠抽打出去。

这种逻辑又像大海中一个落难的人：海难是不幸的，但怀中的救生圈却让他感到自己是多么的幸运，至于漂到哪里，甚至漂多久都不是问题，因为幸运永远在他怀中——他不会因为方位、距离的变化而失去救生圈。所以即使遭遇海难，他也并不认为自己是不幸的，怀中的救生圈让他相信自己一定会获救。

从心理自慰的角度讲，无论你陷入什么样的艰难境地，都要想到：还有比这更不幸的，相比之下，我已经够幸运了！

总将自己置于幸运的基点上，会使你永远保持积极的、向上的心态。而积极心态是成功的动力。

另外，如将大海比做死亡或地狱，对于那位惊恐万状的士兵而言，他无疑是到“地狱”走了一遭——如此“大难不死”的经历，让他觉得这世界已没什么可怕的事了，觉得回到船上是无比幸运的。由此可见，失败和挫折给人带来的好处是无法估量的。

一个敢于同死神微笑着说声“嗨”的人，一定会把死神吓跑。因为在死神的死亡名单上，这是一个不受欢迎的人。

如果你经常与失败这个魔鬼过招，还谈何恐惧？

很多成功的人，在这方面可以说是我们学习的楷模。他们那种面对不幸坦然置之，甚至视之为人生财富的态度不禁让我们肃然起敬。

从辩证的角度讲：幸运中隐藏着不幸，而不幸中往往会产生令人羡慕的幸运者。古人有“祸兮，福之所倚；福兮，祸之所伏”的说法，正是此意。

道理非常简单：过多的幸运只会让一个人意志逐渐薄弱，根本经不起不幸的打击，一旦遭遇波折，只能怨天尤人。

不幸对于幸运儿而言无疑是灭顶之灾，无力抗拒。因为幸运儿习惯了幸运，在他们的生活中，只有一帆风顺、心想事成，他们不认为不幸也是生活的一部分。他们就像温室中的花朵，失去了抗击风雨的能力。

而不幸对于那些经常遭受不幸折磨的人来说，是家常便饭，常吃这种“不幸饭”的人，意志品质都是超强的。他们清楚地知道，人生不是风调雨顺的，幸运只是偶尔光临。

一个过早透支了幸运的人剩下的无疑是更多的不幸。这其中自有道理：因为你几乎经不起不幸的打击，一旦被击倒，你这个没经过不幸的“魔鬼训练营”调教的人就很难爬起。如此一来，更多的不幸即会劈头盖脸的砸下来。有时候，甚至别人看来不过是个小小的沟坎，也会成为你的生活中难以逾越的高山。

失败的不幸像多米诺骨牌，一旦倒下便不可收拾；成功的幸运却似流星陨石，轻易落不到你脚下。

但是，一个聪明的、有远见的人，一定会懂得正确对待幸运与不幸。沉湎在不幸中不可自拔，只有死路一条；而置身于幸运中不做居安思危的长远打算，后果同样不堪设想。

因此，比常人更珍惜自己的生命，而且更懂得利用生命的价值去创造理想，并以理想来支撑自己的生命力。这就是对待不幸的艺术，只有掌握了这种艺术，你的人生才能活得更精彩。

品悟人生

不幸对于那些经常遭受不幸折磨的人来说，是家常便饭，常吃这种“不幸饭”的人，意志品质都是超强的。

争气者的智慧来自苦难之后

生活中，最重要的并不是物质需求与生活境况有所差别，而是你是否拥有一份乐观向上的心态，是否能够发现生活中积极美好的一面。一份对物质淡然处之的生活态度，一种平和而坚定的生活信念，才能够生成超越忧患与磨难的智慧。

而我们常常能听到的却是各种各样的抱怨，抱怨命运的不公平，抱怨薪水跟不上物价飞涨的速度，甚至抱怨冷空气害我们感冒……

当我们抱怨不断的时候不知能否想到，我们的祖先并没有我们这般坚固温暖的房屋，也没有我们那些色彩鲜艳的衣裳，更没有我们这般预知天气的超前能力。可是，那时候他们并不畏惧突如其来的风雨，他们总是能够在风雨中找到别样的情趣。

不知何时起，我们变得这般脆弱，经不起自然的风霜雨雪，我们害怕雨水打湿我们的头发，我们厌恶泥水弄脏我们的脚踝，我们甚至觉得中午的艳阳会晒伤了我们娇嫩的皮肤。

是我们不够健康了吗？是我们的身体在退化了吗？我们的食物明明已经开始讲究营养搭配，各种保健品也层出不穷、包罗万象，名目繁多的健身房更是比比皆是，那么，我们为何越来越经受不起风雨的洗礼呢？

我们用水泥混合土为自己构架了一个更安全的环境，我们不屑那些“健康”，我们懂得用科技做更多的事情。然而，我们却忘记了我们自身的抵抗能力，就像我们习惯了依赖别人的力量来帮助自己解决问题，这对我们来说，无疑是一种可怕的退步。

真正的智慧来自于磨难洗礼之后，当然这不仅仅是在指对于身体磨难，而是我们应该在主动迎接磨难的挑战，用强大的精神力量支撑我们去了解生活的真谛，在我们的生活受到种种挫折和磨难的时候，不放弃对美好事物的追求，这样，我们才可能成为一个生活的智者，驾驭生活中的一切突发事件，而不是茫然地面对生活对我们的种种考验。

一生坎坷的巴尔扎克，用生命谱写出对生命的最高赞歌。他从幼年起，就未曾得到过其他孩子一样的关爱，巴尔扎克后来回忆这段生活，曾忿忿地说：“我经历了人的命运中所遭受的最可怕的童年。”然而，这并没有影响他成为一个热爱生命、渴望真爱的人。

早年的巴尔扎克整日在一间阁楼伏案写作。他没有白天，没有黑夜，没有娱乐，总是不停地写，结果却在与书商打交道过程中不断受骗，以致负债累累。最高时候债务高达 10 万法郎，为了躲债他曾六次迁居。他对朋友说：“我经常为一点面包、蜡烛和纸张发愁。债主迫害我像迫害兔子一样，我常像兔子一样四处奔跑。”

然而，即使条件如此艰辛，并没有影响巴尔扎克一生勤奋写作，或者正是生活的磨难促使他更加睿智而勤奋。在不到 20 年里，他共创作 91 部小说。在世界上有着广泛影响，但他的一生却是在贫困和痛苦中度过的。

他曾用一句话概括自己：“一生的劳动都在痛苦和贫困中度过。经常不为人理解。”

所以，身处困境之中，只要我们不曾放弃自己，那么生活中的那些磨难总会成为过去，而困境留给我们的智慧，却可以让我们享用一生。

泪水和抱怨都是于事无补的，当你承受了生活的种种磨难，你能做的就是竭尽所能去解决问题。只要你愿意依靠自己的力量站起来，那么，你总会找到最好的解决方案。

约翰是一家绝缘材料厂的仓库管理员。一天傍晚，天空突然下起了大雨，要知道，新到的货物还没有搬人仓库，而这些货物一旦被雨水浸泡，就会变成一文不值的废料了。

工人们紧张地搬运货物，约翰的工作一下子变得繁重起来，他不仅要帮忙搬运货物，而且要仔细地清点数量，不能有丝毫的差错。然而，就在货物过完磅，准备计数的时候，约翰发现他的水笔再写不出一个字了。

他吓出了一身冷汗，老板正在不远处指挥，作为一名管理员居然没有备用的笔，这无疑是一项严重的工作失误。他不想失去这份工作他用笔戳进手指，用自己的鲜血写下了所有的数据。

这张用鲜血写成的单子被约翰完整地保留了下来，他经常拿出来对儿女们说：“生活艰苦，我们更要勤勤恳恳地工作。”

生活里种种苦涩的记忆，会使人失望流泪；漫漫岁月里的辛苦挣扎，会使人衰老，但由于忍耐，由于奋斗，由于不断向上的仰望，坚韧的生命终能超越所有的忧患与磨难，进而从生活自身获得融通的智慧。

品悟人生

身处困境之中，只要我们不曾放弃自己，那么生活中的那些磨难总会成为过去，而困境留给我们的智慧，却可以让我们享用一生。

凡流泪播种，必欢呼收获

“几份耕耘，几份收获”。不同的耕耘，有着不同的收获。农民在散发着泥土芳香的田埂里耕耘，撒下辛勤的汗水，守望着嫩绿的禾苗，收获五谷丰登；工人在车间的精细耕耘，收获着奔驰在公路上形状不同、性能各异的汽车，飞向宇宙的飞船，察看微观的CT；商人在每个算盘珠间绞尽脑汁的耕耘，收获着每一条围巾的利润，每一合药品的赢利；医生费尽心血，在笔尖和刀尖上用心的耕耘，收获着病人的康复，患者亲友的理解与笑脸……

天下没有免费的午餐；天上也不会掉下馅饼来。人生于世，想要有所收获，就一定得付出辛劳。

医中之圣李时珍，14岁就考上了秀才。但他对科举考试没有兴趣，三次考举人，三次都落选了。从此，他决心行医，钻研医学，不再去应考了。在长期的医疗实践中，李时珍治好了不少疑难杂症，积累了丰富的医药知识，成为远近闻名的医生。33岁时，被推荐到京城太医院任职。他看不惯官场中乌烟瘴气的情况，不久就托病辞职，回到了家乡。在行医过程中，李时珍刻苦读了许多医药著作，他感到历代的药物学著作存在不少缺点，需要重新整理和补充。因此，他决心编著一部新的完善的药物学著作。

为了编好这部著作，他走访了河南、江西、江苏、安徽等很多地方。每到一处，就虚心地向药农和其他劳动人民请教，采集药物标本，收集民间验方。很多人都热情地帮助他，有的人甚至把祖传秘方也交给了他。就这样，他得到了很多书本上所没有的知识，还得到了很多药物标本和民间验方。

李时珍从35岁起，就动手编写。花了27年工夫，参考了八百多种书籍，经过三次大规模的修改，终于写成了一部新的药物学巨著《本草纲目》。这时，李时珍已经是61岁的老人了。

想要出人头地、想要实现自己的人生目标，不付出努力是不可能的。“宝剑锋从磨砺出，梅花香自苦寒来”。世间万事都是这样的一个道理：有付出才有收获。

1999年全国十大杰出青年、现任中美防火公司厂长兼生产部经理赖东进，出生在一个乞丐家庭，父亲全盲、母亲与大弟是重度智障，全家十四口人靠乞讨维生。从会走路开始，他就跟着大姐开始乞讨，10岁之前全家居无定所、四处流浪，每天过着三餐不继、风餐露宿，经常以坟墓为家。但他始终未向环境屈服，身为长子，他不但一肩挑起照顾家人的担子，更努力求学、发愤工作，凭着这种不认输的精神，赖东进从匍匐地上乞讨求生的小乞丐，成为拥有员工50余人工厂的成功企业家；正是他的流浪生涯，让他深刻明白世上没有侥幸，只有靠自己的努力，才能获得生命的一切，每一分的打拼都像是一块坚实的砖块，一点一滴的为人生奠基。他的人生转折在我们当今的社会是如此的特殊，他从屈辱中站起来也更深刻地印证：“凡流泪播种，必欢呼收获”的真理。

人的命运，就像陀螺在旋转，时而转的顺，时而却歪、斜。我们的命运也是如此，随时会变，但进取那条线却是操纵在自己的手里。命已注定，运却可以用双手改变。依个人要求别人，还不如反求自己，当被人瞧不起时，就该奋发图强，而不是倒地不起！有耕耘必有收获，珍惜现有的一切，努力打造出一片自己的蓝空。

品悟人生

天下没有白吃的午餐。在这个竞争激烈的时代，你不奋斗、拼搏，就会被大浪冲倒。只要你付出了，必定会有回报。只要努力耕耘了，就会获得所要想的一切。

懂得争气就不会为弯路多而生气

人生的弯路，均是走过方知其弯，因此你若不是能掐会算，未卜先知，就难保不偏离目的地，七拐八绕。本来一里的路程却走了十里，或是走了一程又一程却又回到原地，甚至倒退到距目的地更远的弯路。因此，就有许多人为多走了冤枉路而抱怨，生气，浪费了大量的时间。很多人都希望走直线，不愿意走弯路。然而人生的道路就像线条一样跌宕起伏，形态万千。很少有人去想走直路的永远都是一个高度；但走了弯路的人就会知道，绕不过的这些弯路，走起来辛苦，却能练就人的意志，能让我们创造出更多的财富。

为什么高速公路不是笔直的，设置了许多弯路呢？原来，公路过于平坦，司机易于产生驾驶精神疲劳感，快速反应能力减弱，及易造成交通事故。故而，直线公路段都加以限制。设计了许多半径很大的弯路，来调节司机的心理状态，从而减少交通事故的发生。

生活中，人们总是希望自己的生活、工作都一帆风顺，然而事实又是如何呢？事实总是不能随心所欲，事以愿为。没有一个人的人生道路是平坦的，总是沟沟坎坎，困难重重。每一个人都不可避免地要遭遇失败。失败可以毁灭一个人，也可以成就一个人。对于一个意志坚定的人来说，失败恰好可以更好地磨炼他、刺激他，最终把他推向成功的高峰。一个人如果害怕失败，则会一事无成。失败的经历并非都是坏事，正如英国小说家、剧作家柯鲁德·史密斯所说：“对于我们来说，最大的荣幸就是每个人都失败过。而且，都能从跌倒的地方爬起来。”

杰克现已年过六十。他是一个石油开采者，他一生中每打十口井，就有九口是枯井。可是他依然从逆境中走了出来，成为身价超过五亿美元的富翁。杰克回忆自己的经历说：“当年我被学校开除后，就跑到德克隆斯的油田找了一份工作。随着经验逐渐丰富，我便想当一名独立的石油勘探者。那时候，每当我手里有钱了，我就自己租赁设备，做石油勘探。两年里，我一共开采了将近三十口井，但全部都是枯井。当时，我真的是失望极了。”他陷入了困境，都快四十岁了依然一无所获。但是，他没有被困境吓倒，反而更加勤奋努力。他研读各种与石油开采有关的书籍，吸取了丰富的理论知识。等理论知识掌握得非常充分的时候，他又卷土重来，进行石油开采。从此，他遇到的不再是枯井，而是冒油的油井。

挫折是人生中不可避免的，有的人成功了，是因为他们能够坚强地面对挫折；而有的人失败了，是因为他们在困难面前，一蹶不振。如果杰克没有走这么多“弯路”的话，也不可能成功。所以说，我们不要因为自己走的弯路多而抱怨，而应该感谢它给了你成功。

人生弯路是人生中不可或缺的一环。没有弯路的人生就不是圆满的人生。人们在困难中才会感到幸福的存在；在厄运中才会感到自由的价值；在困惑中才会读懂毅力的力量；在屡次失败中才会明白怎样才能成功。

人生的弯路，是培养人们才干，锻炼人们意志的励石；是催人奋进的催化剂。

然而，很多走了弯路的人会因为多走弯路而生气，认为走弯路是不走运。其实正是走弯路的人经历了重重磨难，才会积累了许多经验，就会更加努力。相反，那些贪图金钱，想快速得到成功而去走捷径的人，虽然也有很多人成功了，但是成功来得快去得也快。而多走一些弯路，未必就是浪费时间，或许会有另一种收获。

品悟人生

生活之路崎岖坎坷，有直路也有弯路。直路可以提高效率，弯路可使人得到磨砺，面对直路不要沾沾自喜，面对弯路也不要唉声叹气。所以，当我们面对挫折的时候，不要为自己所遇到的一切抱怨和生气，应该笑对挫折，感谢挫折。因为虽然经历了挫折，但我们却得到了很多的东西。

第四章

争气不是喊口号，要有行动才能行

美国大科学家本杰明•富兰克林曾说过：“今天可以执行的事不要拖到明天。每一个工作，不论是经营事业、高级推销工作或科学、军事、政府机关工作，都需要脚踏实地的人来执行。”的确如此：争气的人总会立即行动，快速地赢得了一切。

不要拖延，先做了再说

行动可以改变一个人的态度，使人由消极转为积极，使原先可能糟糕透顶的一天变成愉快的一天。

卓根是哥本哈根大学的学生，有一年暑假他去当导游。因为他总是高高兴兴地做了许多额外的服务，因此几个芝加哥来的游客就邀请他去美国观光。旅行路线包括在前往芝加哥的途中，到华盛顿特区做一天的游览。

卓根抵达华盛顿以后就住进“威乐饭店”，他在那里的账单已经预付过了。他这时真是乐不可支，外套口袋里放着飞往芝加哥的机票，裤袋里则装着护照和钱，后来这个青年突然遇到晴天霹雳。当他准备就寝时，发现皮夹不翼而飞。他立刻跑到柜台那里。

“我们会尽量想办法。”经理说。但第二天早上仍然找不到，卓根的零用钱连两块钱都不到。自己孤零零一个人在异国，应该怎么办呢？打电报给芝加哥的朋友向他们求援？还是到丹麦大使馆去报告遗失护照？还是坐在警察局里干等？

他突然对自己说：“不行，这些事我一件也不能做。我要好好看看华盛顿。说不定我以后没有机会再来，但是现在仍有宝贵的一天待在这个国都里。好在今天晚上还有机票到芝加哥去，一定有时间解决护照和钱的问题。

“我跟丢掉皮夹子以前的我还是同一个人。那时我很快乐，现在也应该快乐呀。我不能白白浪费时间，现在正是享受的好时候。”

于是他立刻动身，徒步参观了白宫和国会山庄，并且参观了几座大博物馆，还爬到华盛顿纪念馆的顶端。他去不成原先想去的阿灵顿和许多别的地方，但他看过的，他都看得更仔细。他买了花生和糖果，一点一点地吃以免挨饿。

等他回到丹麦以后，这趟美国之旅最使他怀念的却是在华盛顿漫步的那一天。

这里顺便把他的故事说完吧，就在出事的那一天过了五天之后，华盛顿警方找到他的皮夹和护照，并且送还给他。

如果下定决心就立刻去做，往往会使你最热望的梦想也实现。孟列·史威济正是如此。

孟列非常喜欢打猎和钓鱼，他最喜欢的生活是带着钓鱼竿和猎枪步行五十哩到森林里，过几天以后再回来，筋疲力尽，满身污泥而快乐无比。

这类嗜好惟一不便的是，他是个保险推销员，打猎钓鱼太花时间。有一天，当他依依不舍地离开心爱的鲈鱼湖，准备打道回府时突发异想。在这荒山野地里会不会也有居民需要保险？那他不就可以同时工作又在户外逍遥了吗？结果他发现果真有这种人：他们是阿拉斯加铁路公司的员工。他们散居在沿线五十哩各段路轨的附近。于是他想他可不可以沿铁路向这些铁路工作人员、猎人和淘金者拉保呢？

孟列就在想到这个主意的当天开始积极计划。他向一个旅行社打听清楚以后，就开始整理行装。他沿着铁路走了好几趟，那里的人都叫他“走路的史威济”，他成为那些与世隔绝的家庭最欢迎的人，他也代表了外面的世界。不但如此，他还学会理发，替当地人免费服务。他还无师自通地学会了烹饪。由于那些单身汉吃厌了罐头食品和腌肉之类，他的手艺使他变成最受欢迎的贵客。而在这同时，他也正在做一件自然而然的事，他徜徉于山野之间、打猎、钓鱼，并且像他所说的“过史威济的生活”。

在人寿保险事业里，对于一年卖出一百万元以上的人设有光荣的特别头衔，叫做“百万圆桌”。在孟列·史威济的故事中，最不平常而使人惊讶的是：在他把突发的一念付诸实行以后，在动身前往阿拉斯加的荒原以后，在沿线走过没人愿意前来的铁路以后，他一年之内就做成了百万元的生意，因而赢得“圆桌”上的一席地位。假使他在突发奇想时，对于做事的秘诀有半点迟疑，这一切都不可能发生。

“现在就去做”可以影响你生活中的每一部分，它可以帮助你去做该做而不喜欢做的事；在遭遇令人厌烦的职责时，它可以教你不推拖延迟。但是它也能像帮助孟列·史威济那样，帮你去做你“想”做的事。它会帮你抓住宝贵的刹那，这个刹那一旦错过，很可能永远不会再碰到。

品悟人生

许多人都有拖延的习惯。因为拖拖拉拉耽误了火车，上班迟到，甚至更严重。错过可以改变自己一生、使自己具有变得更好的良机。所以，要记住：“现在”就是行动的时候。

他们成功，因为他们比你敢做

在我们身边，许多成功人士，并不一定是比你“会做”，更重要的是他比你“敢做”。

哈默就是这样一个人。1956年，58岁的哈默购买了西方石油公司，开始大做石油生意。石油是最能赚大钱的行业，也正因为最能赚钱，所以竞争尤为激烈。初涉石油领域的哈默要建立起自己的石油王国，无疑面临着极大的竞争风险。首先碰到的是油源问题。1960年石油产量占美国总产量38%的得克萨斯州，已被几家大石油公司垄断，哈默无法插手；沙特阿拉伯是美国埃克森石油公司的天下，哈默难以染指……

如何解决油源问题呢？

1960年，当花费了1000万美元勘探基金而毫无结果时，哈默再一次冒险地接受一位青年地质学家的建议：旧金山以东一片被德士古石油公司放弃的地区，可能蕴藏着丰富的天然气，并建议哈默的西方石油公司把它租下来。哈默又千方百计从各方面筹集了一大笔钱，投入了这一冒险的投资。当钻到860英尺（262米）深时，终于钻出了加利福尼亚州的第二大天然气田，估计价值在2亿美元以上。

哈默成为成功人士的事实告诉我们：

“风险和利润的大小是成正比的，巨大的风险能带来巨大的效益。”

“幸运喜欢光临勇敢的人，冒险是表现在人身上的一种勇气和魄力。”

冒险与收获常常是结伴而行的。险中有夷，危中有利。要想有卓越的结果，就要敢冒风险。

1752年7月的一天，富兰克林在野外放风筝进行捕获雷电的试验。他的风筝很特别，用杉树做骨架，用丝手帕当纸，扎成菱形的样子。风筝的顶端装了一根尖尖的铁针，放风筝的麻绳的末端拴着一把铁钥匙。当风筝飞上高空不久，突然大自然发怒了，大雨降临，闪电雷鸣。富兰克林对全身被淋湿毫不在意，对可能被雷击中也不畏惧，他全神贯注于他的手。当头顶上闪电的瞬间，他感到自己的手麻酥酥的，他意识到这是天空的电流通过湿麻绳和铁钥匙导来的。

他高兴地大叫：

“电，捕捉到了，天电捕捉到了！”

在成功人士的眼中，冒险本身就是对于成功的一种挑战，一种想战胜别人赢得胜利的挑战。所以，现实中人人都应具有强烈的竞争意识。“一旦看准，就大胆行动”，已成为许多成功人士的经验之谈。

品悟人生

成为成功人士的主要因素之一便是冒险，做人必须学会正视冒险的正面意义，并把它视为成为成功的重要心理条件。

懒惰是成功的天敌

一位外国人周游世界各地，见识十分丰富。他对生活在不同地位、不同国家的人有相当深刻的了解，当有人问他不同民族的最大的共同性是什么，或者说最大的特点是什么时，这位外国人用不大流畅的英语回答道："好逸恶劳乃是人类最大的特点。"

生性懒惰的人不可能在社会生活中成为一个成功者，他们永远是失败者。成功只会光顾那些辛勤劳动的人们。懒惰是一种恶劣而卑鄙的精神重负。人们一旦背上了懒惰这个包袱，就只会整天怨天尤人，精神沮丧、无所事事，这种人完全是一种对社会无用的人。

霍尔博士认为："没有什么比无所事事、空虚无聊更为有害的了。"一位大主教认为："一个人的身心就像磨盘一样，如果把麦子放进去，它会把麦子磨成面粉，如果你不把麦子放进去，磨盘虽然也在照常运转，却不可能磨出面粉来。"

那些游手好闲、不肯吃苦耐劳的人总是有各种漂亮的借口，他们不愿意好好地工作、劳动，却常常会想出各种主意和理由来为自己辩解。确实，一心想拥有某种东西，却害怕或不敢或不愿意付出相应的劳动，这是懦夫的表现。无论多么美好的东西，人们只有付出相应的劳动和汗水，才能懂得这美好的东西是多么的来之不易，因而愈加珍惜它，人们才能从这种"拥有"中享受到快乐和幸福，这是一条万古不易的原则。即使是一份悠闲，如果不是通过自己的努力而得来的，这份悠闲也并不甜美。不是用自己劳动和汗水换来的东西，你就没有为它付出代价，你就不配享用它。

懒惰、无所事事从来就不是一种荣耀，更不应该成为一种特权。尽管在这个社会上有许多人满足于白吃白喝，并以大肆挥霍、浪费为荣，但那些稍有头脑、有抱负、有良知的人们毫无疑问会鄙夷他们。

斯坦利勋爵说："一个无所事事的人，不管他多么和气、令人尊敬，不管他是一个多么好的人，不管他的名声如何响亮，他过去不可能、现在也不可能、将来也不可能得到真正的幸福。生活就是劳动，劳动就是生活。有人认为只有躲在自己的小天地里，两耳不闻窗外事才能避免种种烦恼和不幸。许多人都已经这样试过，但结果总是一样。无论是谁，他既不可能躲避烦恼和忧愁，也不可能避开辛苦的劳动，劳动和烦恼乃是人类无法逃避的命运之神……那些尽力躲避烦恼的人，烦恼却总是找上门来，忧愁也总是光顾他们。"

另外，一个人生命的意义也不能仅拿他活了多大岁数这个标准来衡量，那种认为活得越久，生命的意义越大的观念是不正确的。衡量一个人生命的意义主要应看他干了什么，他对自己所干的事情的兴趣如何。他干的事情越有益，他为之付出的精力和代价越大，那么，他的生活就越充实，从而也就越有意义。

品悟人生

那些一辈子无所用心、无所事事、虚度年华的人即使年逾百岁，也不过如同一株朽木，这样的人生又有什么意义可言呢？

你若要喝水，就得用力打水

你在得到东西之前，先得付出一些东西。收获不会凭空而降，不劳而获的事如徒然的空想，永远不切实际。你若要喝水，就得用力打水。

有一次我的两位朋友巴那德与吉米，在8月份的大热天里到亚拉巴马的丘陵地开车。他们口渴了，因此巴那德找到一所废弃的农舍，碰巧院子里有吸筒。他跳出汽车，跑到吸筒那里，抓起手柄就开始打水。

打了一二下以后，巴那德指着一只旧木桶，要吉米到附近溪里取一点来灌吸筒。因为所有打水的人都知道，必须在吸筒的上面加一点水来装填吸筒，打水时才会顺利出来。

在生命的旅程中，在你得到东西之前，也要先放进一些东西。不幸的是，许多人会站在生命的火炉前，说道："火炉，请给我一点温暖，然后我给你加进一些木柴。"

秘书往往会跑到老板那里说："给我加薪，我就会做得更好。"

推销员时常到老板那里说："把我升为销售经理，我就会变得能干，虽然我一直没有做出什么。不过，一旦让我负责，我就能做得更好。所以请让我当主管，我会做给你看。"

学生往往对老师说："我若把这学期不良的成绩带回家，父母就会惩罚我。所以，老师，如果你这学期给我好成绩，我答应下学期会努力用功。"

如果我们都这样的话，我们可以想像一位农夫祷告说："如果让我今年丰收的话，我答应明年会好好耕种。"总而言之，他们说的是："给我报酬，然后我会生产。"

可惜生命并不是这样运行的，在你期望得到东西前，必须加进一些东西才行。现在，如果你把这种知识应用到其他方面，就能解决许多问题了。

农夫必须在秋季收获之前，先在春季或夏季播种；学生在获得知识与毕业文凭以前，也要先注入几百小时的读书时间；秘书想成为经理，也要花相当多额外的时间工作；运动员想要赢得金牌，也要流许多汗水，埋头苦练才行；推销员想成为推销经理，也要先懂得"装填吸筒"的原理。你加进某些东西，补偿定律就会给你一定东西。

现在我们再回到亚拉巴马州，这里的8月天相当热，巴那德打了几分钟以后，满头大汗。此时他开始问自己，为了得到水到底该做多少工作才合算。他关心他所花费的努力能换回多少报酬。过了一会儿，他说："吉米，我不相信这口井有水。"吉米回答："会有的，巴那德，亚拉巴马州的井都是深井。深井都有清洁、甘甜、纯净的水。"

到现在为止，巴那德已经疲倦得浑身发热，他停住了手说："吉米，这口井没有水。"吉米很快地跑过来，抓住吸筒的柄继续打水，说道："现在不要停，巴那德，如果你一停止，水将往下倒流回去，那你就要从头开始。"

你无法从吸筒的外部看出，到底还要再抽两下或两百下，才有水流出来。在生命的路途中，你也无法看出，明天到底会不会有重大的突破，或者还要一星期、一个月、一年或更长的时间才能获得成功。

不管你正在做什么，只要热心，不断地做下去，迟早会有收获的。不管你正在做什么，都要以正确的态度与习惯来工作，最重要的是，你应该不屈不挠地继续下去才行。成功与失败的甘苦往往也只是一线之隔。

不管你是黑人或白人、男性或女性、过胖或太瘦、外向或内向，你有权利凭着热心和努力，去得到想要的一切事物。

当你迈向高峰时，要记住吸筒的故事。如果你在开始时仅偶尔为之，或未尽全力，那么你必然一直在那里耗下去，而不会有任何结果。

品悟人生

现在，你已经到达"工作"的这一级里，正准备爬上高一级的"欲望"，到最后一级时，你会站在希望的玻璃门前，准备开启它。朋友，请向前推吧！你距离成功就只差那么一级了。

成功将会落在行动者的肩头

一个成功的人，不能没有接受挑战困难与未来的勇气。人生的每一步发展，就是在接受一个又一个的挑战中寻找机遇，进而实现成功的。

可以说，成功总是属于那些敢为人先、勇于担当的先锋和行动者，他们属于以积极的心态、勇于接受挑战的斗士，他们能够面对困难挺身而出、从不退缩。

意大利首屈一指的菲亚特汽车公司是菲亚特集团的一个重要组成部分，它的年利润占据了菲亚特公司的三分之二。也是世界10大汽车公司之一。谁也不会料到这家赫赫有名的公司，在1979年以前的十年里，竟是个濒临倒闭的公司。由于它连年亏损，无法进行再投资，被迫将13%的股票卖给了对外银行。

面对这种困境，菲亚特集团老板艾格龙尼是卖掉剩余股票，彻底将这个目前亏损的公司转手出让，还是接受挑战，对菲亚特汽车公司进行大幅度的调整、改革？面对目前的情况，想让企业起死回生，这在别人的眼里简直是天方夜潭，即使再有回天之力，未来也不过是一个未知数。

但是，艾格龙尼没有就此罢休，具有闯将的魄力与胆识使他义无反顾地接受挑战。他一方面继续积极管理着菲亚特集团，一方面在努力寻求摆脱困境的方法。

上天不负苦心人，终于有一天，艾格龙尼想到了一位朋友维托雷·吉德拉，他是一位极具才华与能力的人。但艾格龙尼也没有把握，吉德拉是否愿意接受他的邀请，面对着菲亚特汽车公司目前的窘境，是否有勇气接受无法欲知未来的挑战。

双方见面一拍即合，艾格龙尼任命吉德拉为菲亚特汽车公司总经理，将公司全权交给他独立经营。吉德拉管理才华出众，平易近人，具有不屈不挠而又吃苦耐劳的性格，而且像老虎一样敢于接受各种挑战，艾格龙尼正是看中了朋友的这些优点而邀请他来任职的。

吉德拉上任后，没有让艾格龙尼失望。他面对着眼前濒临倒闭、一团乱麻无法正常运转的公司，果然出手不凡，大刀阔斧地进行了一系列行之有效的改革。

比如，注重提高员工文化素质，改组管理机构；为了加强新车开发，他还冒着风险，重新设立了首席工程师一职，并授予广泛的权力。

首席工程师除了有权决定新型号汽车的设计外，还负责全盘考虑新车的市场前景，统筹生产制造的各个环节，挑选零部件供应商，制定拓销策略；对于可能影响未来车型的各种问题，则及时加以解决，使产品更好地适应市场的需要。

自实施首席工程师制度以来，大大加快了新车开发的速度，为市场竞争赢得有利的条件。

在吉德拉的改革下，菲亚特汽车公司很快摆脱了困境，到1984年，新车销售达到了100万辆，跃居欧洲第一。吉德拉本人也由于经营有方而闻名，被人们称之为欧洲汽车市场的一代“霸主”。

艾格龙尼在困难面前没有失去信心，没有裹足不前，没有选择放弃，而是勇敢地接受挑战，在挑战中寻找着成功机会，为扭转企业的命运进行着不懈的努力，直到彻底实现了他人认为很难实现的目标。

做一个敢于应对挑战的行动者吧！大任也必将降落在行动者的肩头，事业在每一个挑战中成功，生命在每一个挑战中升华。

品悟人生

成功总属于那些敢为人先、勇于担当的先锋和行动者，他们是以积极的心态、勇于接受挑战的斗士，是面对困难挺身而出、从不退缩的勇士。

成功本没有路，路是干出来的

无论是一穷二白，毫无家世背景的穷小子，还是有着政治家的父亲、事业家的母亲的幸运儿，如果想成为真正的成功者，只有通过自己的打拼，才能干出自己的天下。没有谁能给你铺好一条通往成功的路，成功是要靠自己干出来的！

美国“假日旅店大王”科尔斯·威尔逊，在世界上拥有“假日旅店”（包括饭店）达3000多家，他的个人财富在2亿美元以上，早已经踏入了巨富的行列。他就是坚持自己的意念，自己开拓了一条崭新的路，并最终让世人都看到这条道路就是通向成功的大路。

年轻时的威尔逊并不是很顺利的，他曾经从事过好几种职业，但都不能在行业中崭露头角，这对一个有着远大理想的人来说，确实是一种折磨。

1952年的一天，他到一家旅馆投宿，看到旅馆的环境很脏，服务也很差，使他很不高兴。失望之余，他忽然兴起了一个念头：我何必着眼于别人的过错而不满呢？我应该看看别的方面，比如我如果开一家旅馆，好好经营，不就可以把这些差的旅馆的生意抢过来了吗？

威尔逊认为这是个不错主意，但是开一家好旅馆是很不容易的，如果没有竞争力，不能有更新鲜的方式，是开不好旅馆的。威尔逊长时间思考的不是要不要开一家旅馆，而是要怎样开一家有自己特色的旅馆了。

当时，美国的汽车工业发展的十分迅猛，威尔逊一向关注于此，他已经预感到“汽车化社会”很快就要到来了。他的心中产生一个新奇的想法：可以创办一种新型旅馆——“汽车旅馆”，专门为汽车司机服务。

可是，这样的旅馆在世界上还没有出现过，因此没有什么经验可以借鉴，不知道能不能成功。不过威尔逊认为这样的大方向应该是没有错误的，前景是很好的，应该去尝试。至于具体的新型旅馆的经营，就要靠自己慢慢地摸索，逐步地改善了。

于是，这年冬天，威尔逊便在田纳西州的孟菲斯开办了第一家“汽车旅馆”。这家旅馆的优势是房租低廉、整洁卫生、服务一流。它提供廉价、味美、量多的食品，使顾客能以普通的价钱吃到一般美国人所吃的饭菜。因为是“汽车旅馆”，所以为驾驶者和汽车的服务就成为旅馆的特色。旅馆专门建有停车场，驾驶汽车的人们来到这家“汽车旅馆”住宿，感到处处透着舒适和方便。因此，这家旅馆的口碑越来越好，生意也越来越兴隆。威尔逊看到了成功的影子，进而雄心大发，没用几年的时间，就陆续在美国各地开设了数百家这样的汽车旅馆，形成了庞大的连锁组织。

50年代后期，旅游业兴起，世界各地每年有数以百万的游客涌来美国。威尔逊又决定创办“假日旅店”，特色定位于专门为国外旅客服务。他四处寻找兴建这种旅店的地皮，或采用专利权方式组织连锁旅社，大力扩展业务。“假日旅社”仍然是以清洁、方便、价廉为经营宗旨，旅社内专门设有“犬屋”，给喜欢带着爱犬外出旅游的人提供服务。饮食限于适合大众化的品种，讲求廉价美味且量多；酒也不卖进口的高级品，只卖大众化的“假日旅店牌”威士忌，总之，一切都为游客着想，使大众的利益与企业的利益一致化，到1976年，威尔逊在美国各地经营的“假日旅社”有1543家之多。

威尔逊的理想实现了，他成功了，富有了，并且走的是自己闯出的道路。对每个闯在社会的人来说，这确实是个很好的启迪。

会干的人，往往都存在一个显著特征：遇事头脑清醒，对待问题思维灵活、机动，有着自己独到的见解，和独立解决问题的能力。他们不愿意跟在别人的后面，去重复别人的工作和方法，而是自己思考出多种方案。也就是说他们习惯于充分培养、发挥自己的创造性的思维，走自己的路。

品悟人生

如果想成为真正的成功者，只有通过自己的打拼，才能干出自己的天下。

争气，就是牢牢抓住每一个今天

争气的人不会为了昨天的失去念念不忘、耿耿于怀，不会为明天的美丽意气风发、热血沸腾。因为，昨天已经过去，明天无法预知，只有今天真正属于争气的人。争气的人会珍惜过好每一个今天，不浪费今天去追忆昨天、幻想明天，因此，当他们到达生命终点时，毫无遗憾。

时间并不能像金钱一样可贮存起来以备不时之需。我们所能够使用的只有被给予的那一瞬间，也就是今天、现在。因此，抓住每一个今天，你就抓住了全部。

一个争气的人从不感觉自己意志薄弱而且缺乏勇气，从不对自己失去了信心。争气的人往往会在日志上写道："就在今天，你也可以成为你现在所处环境的朋友。意志薄弱、没有信心、感到厌烦等情绪问题都不必去理它，明天早上一觉醒来就用冷水摩擦你的脸。不要记挂明天、后天的事。只要好好地充实'今天'，这点应该很容易做得到。只要你切身实行'仅仅今天'，那么一切都会改变。冷水摩擦对于身心两方面都具有强化的效果。"

昨天是一张作废的支票，明天是尚未兑现的期票，只有今天是现金，有流通性的价值之物。如果不抓住今天，所有的希望都会消磨，在懒散消沉中流逝。

因此，与其费尽心思把今天可以完成的任务拖到明天，还不如用这些精力把工作做完。任务拖得越后就越难完成，做事的态度就越是勉强。今天能完成的工作，被推迟几天或几个星期后，就会变成负担。比如，在收到信件时没有马上回复，以后再拣起来回信就不那么容易了。许多大公司都有这样的制度：所有信件都必须当天回复。因此，只有珍惜今天，珍惜现在的每分每秒。

"一个人如果根本不在乎别人的时间，"贺拉斯·格里利说，"这和偷别人的钱有什么两样呢？浪费别人的一小时和偷走别人五美元有什么不同呢？况且，很多人工作一小时的价值比五美元要多得多。"

华盛顿总统四点钟吃饭，有时候应邀到白宫吃饭的国会新成员迟到了，这个时候华盛顿就会自顾自地吃饭而不理睬他们，这使他们感到很尴尬。华盛顿经常这样说："我的表从来不问客人有没有到，它只问时间有没有到。"他的秘书找借口说，自己迟到的原因是表慢了。华盛顿回答说："那么，或者你换块新表，或者我换个新秘书。"

有一次，拿破仑请元帅们和他共进晚餐，他们没有在约定的时间到达，他就旁若无人地先吃起来。他吃完刚刚站起来时，那些人来了。拿破仑说："先生们，现在就餐时间已经结束，我们开始下一步工作吧。"

昆西·亚当斯也从不拖延。议院开会时，看到亚当斯先生入座，主持人就知道该向大家宣布各就各位，开始开会了。有一次发生了这样一件事，主持人宣布就座时，有人说："时间还没到，因为亚当斯先生还没来呢。"结果发现是议会的钟快了三分。三分钟后，亚当斯先生像往常一样准时到达。

所以，争气的人会在每天的太阳落山的时候，勇敢地拍着胸脯子自豪地说："今天，我没有白过。"

我们要走出昨天的误区，把握今天的时光，这样才能弥补昨天，充实明天。因此，那些还徘徊在今天和明天的人，那些把今天的任务塞给明天的人，如果想在明天干出一番大事业，成为争气的人，把握住今天才是最好的选择。

品悟人生

抓住好今天，不必沉迷于已经过去的昨天，也不要幻想着还没到来的明天，把握好今天的时光，今天做好了，今天就成功了。

成功无捷径，别总想着投机取巧

我们当中总不乏有些人在做事之前先要费尽心思地盘算能不能偷工减料，能不能找到解决问题的小窍门、小技巧，甚至不惜损害他人的利益来达到自己的目的。这些人总以为自己很聪明，可事实证明，越是自作聪明的人，越是"聪明反被聪明误"。

人若有些小聪明是好事，但是我们不应当将所有的希望，将事物的成败都寄予我们的"小聪明"上，更多的时候，我们需要的是脚踏实地地去做，去努力，而不是依靠投机取巧。

世界上最伟大的哲学家之一柏拉图和他的学生走在马路上。这名学生是柏拉图的得意弟子之一。他很聪明，总是能在很短的时间之内领会老师的意思；他很有潜力，总是能提出一些具有独特视角的问题；他也很有理想，一直希望自己能够成为像老师一样伟大，甚至比老师还要博学的哲学家。所以他常常自视聪慧，不愿意在学识上多下工夫，自认为聪明能敌过他人的努力。

但是柏拉图认为他还需要生活的历练，还需要更加刻苦。柏拉图曾经语重心长地对这名学生说过一句话："人的生活必须要有伟大理想的指引，但是仅有伟大的理想而不愿意脚踏实地，一步一个脚印地朝着理想奋进，那也就不能称为完美的生活。"

这名学生知道老师是在教导自己要脚踏实地，但他认为自己比别人聪明，总能用一些技巧轻易地解决问题；自己的理想也比别人的更加伟大，所以只要自己想做的，总能轻易地取得成功。

柏拉图也相信这名学生能够做出一番大事业，但是他却只看到大目标而不顾脚下道路的坎坷以及自身的缺点。柏拉图一直想找一个合适的机会让学生自己意识到他的这一缺点。一天，柏拉图看到他们前面的不远处有一个很大的土坑。这个土坑周围还有一些杂草，平常人们只要稍加注意就可以绕过这个土坑，但柏拉图知道他的学生在赶路时经常不注意脚下。于是，他指着远处的一个路标对学生说，"这就是我们今天行走的目标，我们两个人今天进行一次行走比赛如何?"学生欣然答应，然后他们就开始出发了。

学生正值青春年少，他步履轻盈，很快就走到了老师的前面，柏拉图则在后面不紧不慢地跟着。柏拉图看到，学生已经离那个土坑近在咫尺了，他提醒学生"注意脚下的路"，而学生却笑嘻嘻地说："老师，我想您应该提高您的速度了，您难道没看到我比您更接近那个目标了吗?"

他的话音刚落，柏拉图就听到了"啊!"的一声叫喊——学生已经掉进了土坑里。这个土坑虽然没有让人受重伤的危险，但是它却足以使掉下去的人无法独自上来。

学生现在只能在土坑里等着老师过来帮他了，柏拉图走过来了，他并没有急着去拉学生，而是意味深长地说："你现在还能看到前面的路标吗？根据你的判断，你说现在我们谁能更快地到达目的地呢？”

聪明的学生已经完全领会了老师的意思，他满脸羞愧地说：“我只顾着远处的目标，却没走好脚下的每一步路，看来还是不如老师呀！”

一个人拥有智慧的头脑是值得骄傲的，但是聪慧并不代表着一切，聪慧是天赋，是先天的优势，但是成功却等于1%的天赋加上99%的汗水。倘若你比他人有天赋，那说明你比他人离成功更近，你有更多的资本走上成功的捷径，但并不代表着成功。如果仅仅想要依靠聪明天赋来成就一番事业，而不愿意脚踏实地、勤奋努力地做事，那即使有再高的天赋也是无用的，因为成功还必须有付出和努力。

聪明也并不代表智慧。很多人在不同的方面都有些小聪明，但真正有大智慧的人却寥寥无几。

莎士比亚提醒我们，千万不要自作聪明，变成“一条最容易上钩的游鱼”，“用自己全副的本领”来“证明自己的愚笨”。

一个人如果把心思过多地用在小聪明上，他必定没有精力去开发和培植他的大智慧。聪明和智慧是两个不同的概念，智慧有益无害，聪明益害参半，把握得不好的小聪明则贻害无穷。

拥有太多小聪明的人，往往都用于追逐眼皮底下的急功近利，看不到长远的根本利益。相反地，具有大智慧者很少会在众人面前炫耀自己的聪明才智，他们更不会自作聪明地干一些实际上愚蠢至极的事情。真正的聪明者不需要通过投机取巧来加以表现，自作聪明者常常反被自以为是的小聪明所累。

一位哲人说过：“投机取巧会导致盲目行事，脚踏实地则更容易成就未来。”

我们的成功需要智慧，需要脚踏实地地付出。人要站的牢才会走得稳，投机取巧走捷径或许在一时能得到好处，但是因为没有厚实的基础，脚步太过于轻快，导致的结果只会是在长途跋涉中落后于别人。作为一个渴望获得成功的人来说，我们的眼光永远要看向前方，但是前进的道路却在我们脚下，只有实实在在地走好每一步，才能走得更远。

世界上绝顶聪明的人很少，绝对愚笨的人也不多，一般都具有普通的能力与智商。但是，为什么许多人都无法取得成功呢？

一个最重要的原因在于他们习惯于投机取巧，用小聪明来替代所必须要付出的心血，不愿意付出与成功相应的努力。人们虽然都懂得“宝剑锋从磨砺出，梅花香自苦寒来”的道理，可是一旦摊上自己做事，马上就又回复到“投机取巧”的“捷径”上来了。

品悟人生

投机取巧会使人不脚踏实地，无所事事会令人退化，只有勤奋踏实地工作才是最高尚的，才能给人带来真正的幸福和乐趣。成功者的秘诀就在于他们能够摒弃“投机取巧”的坏习惯，放弃那些小聪明，用自己的努力开创属于自己的辉煌人生。

领先一步，机遇是属于争气的人

生活中，那些“随大流”的人通常都是弱者，只有拥有敏锐眼光，大胆走在人前的人才能抓住机遇，获得成功。

在我们的生活中有许许多多这样的人，他们总是把自己的成功寄托在社会背景、家庭关系和机遇上。这是一种典型的消极思想和消极的自我意识，给他们带来的后果是自卑，不能正确地认识自己，没有积极的自我意识，因而也就不能发现自己的优缺点。究竟什么能使一个人成功？你或许会说，你的人生不取决于自己，而是被自己不能选择也不能控制的处境和力量等机遇所影响。其实，机遇到底从何而来？它不是从天而降的，而是从积极的自我意识为核心的信念和成功心理中带来的。

伦敦市的托尼就是这样一个人。他不盲从别人，不在意别人的嘲讽，能够在瞬息万变中发现并把握住机遇，最终成就了自己的一番事业，也改变了自己的生活。

1932年，随着世界经济形势的好转，英国经济大恐慌的局面也似乎好转了一点，但在这个时候来开设一家新公司，的确有些不合时宜，尤其开设家具公司，更是显得荒谬。因为在这段时间里，许多家庭为了节省日用开支，都实施“合并”政策了，不是做父母的搬来跟子女一起住，就是子女搬去跟父母一起住，如此一来，家具市场的销路当然大为减少。

面对这样的一种市场现状，任何人也不曾想到要开设家具公司，但是，托尼却想到了。他曾经花费了很长一段时间来考虑这个问题，在反复调查和研究市场以及衡量自己的利弊之后，托尼认为，此时经营家具业并非有赔无赚，因此他最终还是决定要开一家新的家具公司。

在他筹划开新公司的期间，很多朋友都认为他发疯了。经济状况如此萧条，人人都在勒紧裤腰带过日子，谁还有心思去添置家具呢？这时候开家具公司，不是明摆着不识时务吗？一向对托尼怀有坚定信心的妻子玛丽也产生了怀疑。

托尼诚恳地说：“我从不欺骗你，亲爱的，就市面上的行情来说，开家具店的确不合时宜。不过我考虑过了，别人不能做，但我可以做，并且可以把它做好。”

“说出来道理很简单，因为我自己会木匠手艺，而且，我的手艺已经获得很多老顾客的赞赏和信任。因此，开始的时候，一切都可以由我自己来，用不着请师傅甚至也不必雇伙计，我自己苦一点就行了。这一点你认为有没有道理？”

“道理是有，但是光有人会做也不成，还要有人买才行，是不是？”

“那是当然，不过这一点我也考虑到了，我想销路不会有太大问题。”

托尼还对妻子玛丽陈述了他这样做的两个理由：

一是在开始时不求多做，但要做最高档的产品。经济形势固然萧条不堪，但有些殷实的商人和皇亲贵族家庭，并没有完全失去购买力，相反他们的消费实力依然很强，只要做的家具能中他们的心意，他们照样舍得出大价钱来购买。二是在家具式样的设计和制作方面，托尼颇有信心，他相信，只要他多用点心思，以他这么多年制作和管理家具的经验，设计出来的式样，一定可以得到那些消费者的喜爱。

玛丽听了他的分析，也不禁信心大增，她很欣慰地说："我听了别人的议论，心里真有点替你担心，现在经你这么一分析，我也觉得的确可以这样做，不会有太大的风险。"

"我的真正目的是为将来着想，如果现在不设法把生意做起来，等到市面恢复了以后再做，可就要被同行甩在后面了。"

"你的考虑的确很周到，眼光也的确敏锐而且深远。"妻子玛丽赞同了他的意见。但由于经济情况混乱，没有人愿意投资，托尼很难筹集到资金。于是，妻子背着丈夫把结婚项链典当了，才勉强开业。

限于资金缺乏，托尼新开的家具店虽不起眼，设备简陋，名声却很快地传开了。原因是托尼在伦敦木厂工作时，已经建立了很好的声誉，不管是家具零售商、还是材料供应商，都对他非常信任，所以生意开始不久，就已经远近知名了。

这样，经过几年的努力，托尼渡过难关，迎来了世界经济的全面复苏并占领了市场的先机，随着家具需求猛增，最终成为了一个大企业家。

争气的人总是比别人先走一步，这样他们也就比别人先一步得到机遇，他们不随波逐流，时时刻刻关注着难得机遇，然后抢先一步得到，得到了他们就等于握住了成功的钥匙。

品悟人生

比别人先走，敢于抢先，这样你总能走在最前头。好的机会也会第一个属于你，因此，不论何时，排队都要排在队伍前面。

唯有争气才能成功，唯有拼搏才能胜利

人们常说"爱拼才能赢"，这的确不错。在第二次世界大战战况最紧张的时候，丘吉尔对全英国人民广播说："我从来没有说战争是容易的！这场大战必须靠大家的冒险、血汗和拼命才能获胜！但是我向你们

保证，我们一定会胜利的。”

一个人如果不敢向命运挑战，不敢在生活中做出开创之举，命运给予他的不过是一个狭窄的牢笼，而他举目所见的也将只是蛛网和尘埃。

“幸运”一词，容易遭受误解。幸运是你努力了九十九分之后，成功拿来敲你门的那最后一分。幸运儿的降临和你的努力是分不开的。

幸运如何创造？努力把自己的事做得更好，就是一种创造！厨师若把菜做得更美味可口，裁缝若把衣服做得更美观耐穿，建筑师若盖出更舒适的房屋，司机若开车更安全，作家努力若写出更好的文章，都会为自己带来幸运，同时也为他人带来幸福。

有人将拖延时间的行为生动地喻为“追赶昨天的艺术”，这里，我们可以在后面再加半句——“逃避今天的法宝”，这就是拖延时间的作用。有些事情的确是你想做的，绝非别人要你做，然而，尽管你想做，却总是一拖再拖。你不去做现在可以做的事情，却下决心要在将来某个时候去做。这样，你便可以避免马上采取行动，同时安慰自己说，你并没有真正放弃决心要做的事情。这种巧妙的思维过程大致如下：“我知道自己必须做这件事，可我真的自己做不好，或者不愿做，所以准备以后再做，这样我也不必说今后不做此事，因而可以心安理得。”每当你必须完成一项艰苦工作时，你都可以求助于这种站不住脚，却看似实用的逻辑。

如果你一方面坚持自己的生活方式，另一方面又说你将作出改变，你的这种声明没有任何意义。你只不过是个缺乏毅力的人，最后将一事无成。

拖延时间的行为也有轻重程度之分。你可以将事情拖延到一定时候，然后赶在最后期限之前完成。这是一种常见的自欺欺人的行为。

行动能看出一个人的本质，唯有拼搏，才能赢得最后的胜利。

品悟人生

有人将拖延时间的行为生动地喻为“追赶昨天的艺术”，这里，我们可以在后面再加半句——“逃避今天的法宝”，这就是拖延时间的作用。

制胜的人总是不断地行动

制胜的人总是不断地尝试，不断地改进，不断地行动。人性中最可贵的一点是人有选择的自由，成功者为求得自我的充分发展，会不惜一切代价获得自由，以成就生命的伟大。

相传虞舜时代有位董公，有养龙的本领。舜帝为奖励他养龙的功绩，赐他为豢龙氏。豢龙氏得到两条龙，于是把龙饲养起来。

这两条龙住进了为它们准备的房子和池塘里，于是觉得百川四海不值得游；吃着主人给准备的美食，觉得海中的鲸鱼也不够肥美了。那龙吃得好，住得舒服，在池子里慢悠悠地游动，挺安逸的样子。接受主人的安抚，舍不得离开。

一天，有条野龙在驯龙的池边飞腾而过，那两条驯龙向野龙打招呼，说："你干什么去！天地之间无边无际，天冷了，就得藏伏起来；天热了，就得向高处飞，太辛苦了何不跟我们住在一起，有多安逸！"野龙抬起脑袋笑道："你们这地方多拘谨呀！老天赋予我们这样的形体，头上长着角身上披着鳞；老天赋予我们这样的德行，在泉中潜伏，在天上飞翔；老天赋予我们这样的灵性，呼气为云而驾驭为风；老天赋予我们这样的职责，抑制烈日而施雨露给枯槁的草木。我们在无边无际的宇宙之外观览，在辽阔的原野上歇息。穷尽天地的边际，历经万物的变化，真是快乐极了！现今你们苟且地生存在像牛马蹄子踩出来的那点小水坑里，碰到的不过是泥沙。只有水蛭蚯蚓这类东西作伴，受制于豢龙人的嗜好而得到一点残汤剩饭，你们的形体虽和我一样，但乐趣却根本不同。受别人玩弄和得人家的好处，被人扼住喉咙宰割成几大块，那是极容易的。我正要为你们感到悲哀而要拉你们一把，你们为什么反要诱惑我进那个陷阱呢！你们被杀掉的命运，看来不可避免了。"野龙继续向前飞，不久，那两条驯龙果然成了夏后氏的肉酱。

千千万万的人，生活在一种束缚的阻碍的环境中，生活在一种足以挫折人热忱、消磨人志气、分散人精力、浪费人时间的空气中，他们没有勇气去斩除束缚他们的锁链，去追求自由自在的生活，最终，他们的志向，会因没有行动及失望之故而归于毁灭。

许多人都为“愚昧”所幽囚，他们永远不能得到教育所能给予人们的自由，他们的精神力量永远封锁着，不能开放。他们没有勇气为求从愚昧中解放出来而奋斗；没有毅力去补救自己早年失学所带来的无知。

太多人因恐惧失败而不敢轻举妄动。这种恐惧心理局限于我们的眼界，低估了我们的能力。

有人曾做过这样一个实验：

把几只蜜蜂放在瓶口敞开的瓶子里，侧放瓶子，瓶底向光，蜜蜂一次又一次地飞向瓶底，企图飞近光源。它们决不会反其道而行，试试另一个方向。困于瓶中对它们来说是一种全新的情况，是它们的生理结构始料未及的情况。因此，它们无法适应改变之后的环境。

这位科学家又做了一次，这次瓶子里不放蜜蜂，改放几只苍蝇。瓶身侧放，瓶底向光。不到几分钟，所有的苍蝇都飞出去了。它们多方尝试?? 向上、向下、面光、背光。它们常会一头撞上玻璃，但最后总会振翅向瓶颈，飞出瓶口。

然后，科学家解释这个现象说：“横冲直撞要比坐以待毙高明得多。”

铲除一切足以阻碍、束缚我们的东西，走进自由而和谐的环境中，这是事业成功的重要准备。我们大部分人的毛病，就是在心中有志于成功，然而却不肯努力去求得成功。我们太信任“命运”了。

许多曾在世界上成就过大事业的人，他们伟大的力量，广阔的心胸，丰富的经验，究竟是从哪里得来的？他们会告诉你，那是奋斗的结果，是在挣脱不自由、不良好的环境，斩除束缚他们的桎梏，求得教育，脱离贫困，执行计划，实现理想的种种努力中获得的。

品悟人生

在人没有将他生命中最高、最好的一面发挥出来，没有将他的天赋才能充分发展以前，他的生命不是幸福、快乐的，不管他处境怎样。

争气就是要大胆地去尝试

你可能有很多美妙的构想、详尽的计划，但如果你不去尝试，不敢行动，那么它们就毫无意义。只有大胆尝试，才能把梦想化为现实。

美国探险家约翰·戈达德说："凡是我能够做的，我都想尝试。"在约翰·戈达德15岁的时候，他就把他这一辈子想干的大事列了一个表。他把那张表题名为"一生的志愿"。表上列着："到尼罗河、亚马逊河和刚果河探险；登上珠穆朗玛峰、乞力马扎罗山和麦特荷恩山；驾驭大象、骆驼、鸵鸟和野马；探访马可·波罗和亚历山大一世走过的道路；主演一部'人猿泰山'那样的电影；驾驶飞行器起飞降落；读完莎士比亚、柏拉图和亚里士多德的著作；谱一部乐曲；写一本书；游览全世界的每一个国家；结婚生孩子；参观月球……"每一项都编了号，一共有127个目标。

当戈达德把梦想庄严地写在纸上之后，他就开始抓紧一切时间来实现它们。

16岁那年，他和父亲到了乔治亚州的奥克费诺基大沼泽和佛罗里达州的埃弗格莱兹去探险。这是他首次完成了表上的一个项目，他还学会了只戴面罩不穿潜水服到深水潜游，学会了开拖拉机，并且买了一匹马。

20岁时，他已经在加勒比海、爱琴海和红海里潜过水了。他还成为一名空军驾驶员，在欧洲上空做过33次战斗飞行。

21岁时，已经到21个国家旅行过。

22岁刚满，他就在危地马拉的丛林深处，发现了一座玛雅文化的古庙。同一年，他就成为"洛杉矶探险家俱乐部"有史以来最年轻的成员。接着，他就筹备实现自己宏伟壮志的头号目标——探索尼罗河。

戈达德26岁那年，他和另外两名探险伙伴，来到布隆迪山脉的尼罗河之源。三个人乘坐一只仅有60磅重的小皮艇，开始穿越4000英里的长河。他们遭到过河马的攻击，遇到了迷眼的沙暴和长达数英里的激流险滩，闹过几次疟疾，还受到过河上持枪匪徒的追击。出发十个月之后，这三位"尼罗河人"胜利地从尼罗河口划入了蔚蓝色的地中海。

紧接着尼罗河探险之后，戈达德开始接连不断地实现他的目标：1954年他乘筏漂流了整个科罗拉多河；1956年他探查了长达2700英里的全部刚果河；他在南美的荒原、婆罗洲和新几内亚与那些食人生番、割取敌人头颅作为战利品的人一起生活过；他爬上阿拉拉特峰和乞力马扎罗山；驾驶超音速两倍的喷气式战斗机飞行；写成了一本书《乘皮艇下尼罗河》；他结了婚，并生了五个孩子。开始担任专职人类学者之后，他又萌发了拍电影和当演说家的念头。在以后的几年里，他通过讲演和拍片，为他下一步的探险筹措了资金。

将近60岁时，戈达德依然显得年轻、英俊，他不仅是一个经历过无数次探险和远征的老手，还是电影制片人、作者和演说家。戈达德已经完成了127个目标中的106个。他获得了一个探险家所能享有的荣誉，其中包括，成为英国皇家地理协会会员和纽约探险家俱乐部的成员。沿途，他还受到过许多人士的亲切会见。他说："……我非常想作出一番事业来。我对一切都极有兴趣：旅行、医学、音乐、文学……我都想干，还想去鼓励别人。我制定了那张奋斗的蓝图，心中有了目标，我就会感到时刻都有事做。我也知道，周围的人往往墨守成规，他们从不冒险，从不敢在任何一个方面向自己挑战。我决心不走这条老路。"

戈达德在实现自己目标的征途中，有过18次死里逃生的经历。"这些经历教我学会了百倍地珍惜生活，凡是我能做的，我都想尝试，"他说，"人们往往活了一辈子，却从未表现出巨大的勇气、力量和耐力。但是，我发现，当你想到自己反正要完了的时候，你会突然产生惊人的力量和控制力，而过去你做梦也没想到过，自己体内竟蕴藏着这样巨大的能力。当你这样经历过之后，你会觉得自己的灵魂都升华到另一个境界之中了。”

“《一生的志愿》是我在年纪很轻的时候立下的，它反映了一个少年人的志趣，其中当然有些事情我不再想做了，像攀登珠穆朗玛峰或当‘人猿泰山’那样的影星。制定奋斗目标往往是这样，有些事可能力不从心，不能完成，但这并不意味着必须放弃全部的追求”。“检查一下你的生活并向自己提出这样一个问题是很有好处的：‘假如我只能再活一年，那我准备做些什么？’我们都有想要实现的愿望，那就千万别延宕，从现在就开始做起”！

品悟人生

很多美妙的构想、详尽的计划，如果你不去尝试，不敢行动，那么它们就毫无意义。只有大胆尝试，才能把梦想化为现实。

蛮干不是争气，成功还要巧干

强者常说道：“巧干能捕雄狮，蛮干难捉蟋蟀。”这句话道出了一个普遍的真理，即做事要讲究方法，巧干胜于蛮干。“巧干”是一种分析判断、发明创造和解决问题的能力，是强者敏锐机智、灵活精明的反映，因而也是充满活力、最为宝贵的财富。

在人生中，我们不可能总是一帆风顺的，当遇到难题的时候，一味地埋头苦干虽然是无可厚非的，不过要想迅速攀到职业“顶峰”，还是远远不够的。这还需要我们懂得如何“巧干”，巧干强调分析判断、发明创造，使你在实际工作中发挥聪明才智，最终巧妙解决问题，达到事半功倍的效果。下面的这两个事例生动地说明了这个道理。

一家公司招聘一名业务代表。进入决赛的甲、乙两名应聘者，在不同的时间段分别被通知前来面试。

甲在面试期间，面对各种问题对答如流。就在他自我感觉良好之际，负责面试的考官忽然递给他一把钥匙，并随手指了指室内的一扇小门，笑吟吟地说："请你帮我到那间屋里拿只茶杯来。"

甲接过钥匙就去开那扇小门，钥匙很容易就插进了锁孔，可就是拧不动、打不开。甲非常耐心地鼓捣了好一阵子，才回过头来，很礼貌地问那位翻看材料的考官："请问，是这把钥匙吗？"

"是的，"考官抬头看了看甲，又补充一句，"错不了，就是那把钥匙。"然后就接着看他的材料。

甲打不开门，就转身走回考官的面前，很为难地说："门打不开，我也不渴……"

考官打断他的话："那好吧，你回去等通知吧，一个星期之内如果接不到通知，就不用等了。"

轮到乙了，在回答问题时乙尽管不太流畅，可他很快就凭着那把钥匙在那间屋里取来一只茶杯。考官为他倒了一杯水，高兴地告诉他："喝杯水，然后签个协议，你被录用了。"

原来，那间屋不止一扇门，除考官房间的那扇内门外，还有一扇与考官房门相邻的外门。乙打开了外边的那扇门，取出让自己求职成功的那只茶杯来。

在工作中，强者总是会花很少的工夫，巧妙的换个角度思考问题，解决问题的方法也许就是转换角度后的另一扇洞开的门。

下面的这个事例从另一个方面阐释了这个道理。

麦克是一家大公司的高级主管，他面临一个两难的境地。一方面，他非常喜欢自己的工作，也很喜欢跟随工作而来的丰厚薪水——他的位置使他的薪水只增不减。但是，另一方面，他非常讨厌他的上司，经过多年的忍受，他发觉已经到了忍无可忍的地步了。在经过慎重思考之后，他决定去猎头公司重新谋一个别的公司高级主管的职位。猎头公司告诉他，以他的条件，再找一个类似的职位并不费劲。

回到家中，麦克把这一切告诉了他的妻子。他的妻子是一个教师，那天刚刚教学生如何重新界定问题，也就是把你正在面对的问题换一个角度考虑，把正在面对的问题完全颠倒过来看——不仅要跟你以往看这问题的角度不同，也要和其他人看这问题的角度不同。她把上课的内容讲给了麦克听，麦克是一个聪明的人，他听了妻子的话后，一个大胆的创意在他脑中浮现了。

第二天，麦克又来到猎头公司，这次他是请公司替他的上司找工作。不久，他的上司接到了猎头公司打来的电话，请他去别的公司高就，尽管他完全不知道这是他的下属和猎头公司共同努力的结果，但正好这位上司对于自己现在的工作也厌倦了，所以没有考虑多久，他就接受了这份新工作。

这件事最美妙的地方，就在于上司接受了新的工作，结果他目前的位置就空出来了。麦克申请了这个位置，于是他就坐上了以前他上司的位置。

这是一个真实的事例。在这个事例中，麦克本意是想替自己找份新工作，以躲开令自己讨厌的上司。但他的妻子让他懂得了如何从不同的角度考虑问题，结果，他不仅仍然干着自己喜欢的工作，而且摆脱了令自己烦恼的上司，还得到了意外的升迁。

工作中，没有一成不变的工作任务，处置不同的情况，需要我们因时因地制宜，做出不同的决策。强者做事时，在任何情况下都要按科学规律办事，自觉用理智战胜冲动，用巧干代替蛮干，这是一种求实的态度和科学的精神，

品悟人生

巧干即是抓住了事情的关键，并找到了有针对性方法的结果，这样既可以减少劳动量，又可以达到事半功倍的效果。

敢于行动才能真正抓住机遇

争气的人不会等待机会的到来，而是寻找并抓住机会，把握机会，征服机会，让机会成为服务于他的“奴仆”。

一个人只有敢于行动，才能真正地获得机遇，才能在人生的道路上驾驭机遇，取得人生中的成功，去实现自己的理想与抱负。

敢于行动的人，才是一个真正成功的人，不断努力创造机遇是行动的一个主要力量。机遇不是等待是创造。世界上所有成功人士都懂得创造机遇的奥秘，那就是敢于行动。机会永远都垂青那些敢于尝试新鲜事物的人们，当机会来临的时候不要犹豫不前，而是要在经过认真思考之后，果断地采取行动，把握机遇！第一个敢于吃螃蟹的人才有可能暴富。想法决定所需，行动决定所得！无论你想什么，如果没有行动，它就是空想，所以说，一个人若想成功，不应该停在想的阶段，而是应该去行动。

一家公司因用人需要，正在进行招聘工作，此时，室外已经排好了20来个人。这时，一个男孩也来排队。他立刻意识到自己前面已经排了20个人，然而他并没有站在那干等。他留了张纸条让排在他后面的人帮他占住这个位置。然后，他就走到招聘室外的秘书小姐处，递给她一张纸条，上面写着：“您好！我是第21位面试者，请您在面试完21个人之前不要轻易做出决定。谢谢！”秘书看到他一表人才，于是答应替他把小纸条交给面试官。面试官看完那张纸条后，笑了一笑。

一个人要想获得机会，就得马上行动起来，为机遇的到来做好准备。一个不行动的人，即使有好的内在资源，只不过是只“不产蛋的鸡”。因为，不管有怎样美好的梦想，怎样巧妙的构思，怎样坚定的信心，如果没有行动这只手，这些东西也只是一种虚假的存在。威廉·詹姆斯在《生命的意义》中曾说：“纯粹的理想是生命中最廉价的东西……最不值一提的感伤主义者、梦想者、醉汉、逃避责任者和拙劣的诗人，从不表露丝毫的努力、勇气和耐心，或许他们会有最丰富的理想。”机遇是自己用行动创造出来的，一个人若想获得机遇，就需要采取行动，把机遇创造出来。如果一个人想等着别人把机遇送到他面前，那他就永远也不会成功。无论从哪方面说，干什么都需要行动。只不过早晚而已，而早晚的结果却是大不相同的。如果我们不能把握时机，虽然起步只比别人迟一点，未来可能也会比别人差很多。机遇就是行动，一个人要敢于行动，因为它孕育希望。

一只狐狸听说河对岸有甘甜的葡萄可以吃，它便想过河去，可当它走到河边后，聪明的狐狸犯难了，想过河就得弄湿自己光滑、漂亮的皮毛，而如果不过河的话就吃不到甘甜的葡萄。这时它想着，不知道该怎么办。狐狸在河边踱步、沉思，专注地连身后猎人的脚步声都没有听到。于是它成了猎人的猎物。在我们的现实生活中，每个人都想获得成功，可真正能成功的人却寥寥无几。那并不是因为他们不够聪明，而是他们太过于聪明了，只是一味地打算，而不去行动，行动才会为成功创造机遇。

有一天，三个有人一起出去散步，其中有一个人忽然发现前方躺着一枚闪闪发光的金币，他高兴的眼神顿时凝固了！几乎同时，另一个人也大叫起来：“金币”。话音还没有落下来，第三个人已经俯身把金币捡到自己手里。

从这个故事中我们可以知道：每个人在机遇面前都是平等的，行动才是最重要的。在我们的现实生活中，有很多人都发现了很多机遇，但是最重要的他们没有去做，这也是他们失败的原因。就是他们不能立即通过行动去抓住机遇，最终没有发现机遇。

生活中到处都是机遇，只是看你是否会把握，是否会用自己的行动去抓住它，如果一个人抓住机遇，那这个人就已经成功了一半，而另一半就是我们所说的，也是最重要的，行动！机遇对每个人来说是一样的，但是，对不同行动的人又是不一样的。机遇只留给有强烈创业欲望及事业心的人，他们会用行动去得到机遇。这样的人生活处事时时留心，善于通过健康心理的作用透视现象，产生超前思维，并大胆设计付诸行动，因此会有一个好的人生。

品悟人生

行动会使一个人实现梦想，行动也会使一个人在平凡中脱颖而出，一百次的心动不如一次的行动，大胆行动，行动创造价值。在我们的生活中，我们应该用敏锐的目光去发现机遇，用果敢的行动去抓住机遇；还要用坚持不懈的努力去把机遇变成真正的成功。

每项工作都付出 100%努力

比尔·盖茨说，“如果只把工作当作一件差事，或者只将目光留在工作本身，那么，即使是从事你最喜欢的工作，你依然无法持久地保持对工作的热情。但如果把工作当作一项事业来看待，情况就会完全不同。”

当一个人视自己的事业如自己的生命一般神圣，当一个人把自己的全部精力都投入到某一份工作中去，可以说没有什么做不成功的事。

1986 年，摄影师出身的张艺谋被吴天明点将出任《老井》一片的男主角。没有任何表演经验的张艺谋接到任务后，二话没说，下农村去了。

他剃光了头，穿上大腰裤，露出了光脊背，吃住在太行山一个偏僻、贫穷的山村。每天他与老乡一起上山干活，一起下沟担水。为了使皮肤粗糙、黝黑，他每天中午光着膀子在烈日下暴晒。为了使双手变得粗糙，每次摄制组开会，他不坐板凳，而是学着农民的样子蹲在地上，用沙土搓揉手背。为了电影中的两个短镜头，他打猪食槽子连打了两个月。为了影片中不足1分钟的背石镜头，张艺谋实实在在地背了两个月的石板，一天3块，每块150斤。

在拍摄过程中，张艺谋为了达到逼真的视觉效果，真跌真打，主动受罪。在拍“舍身护井”时，他真跳，摔得浑身酸疼，在拍“村落械斗”时，他真打，打得鼻青脸肿。更有甚者，在拍旺泉和巧英在井下那场戏时，为了找到垂死前那种奄奄一息的感觉，他硬是三天半滴水未沾、粒米未进，连滚带爬拍完了全部镜头。

张艺谋因此而荣获第2届东京国际电影节最佳男主角奖，中国第11届百花奖最佳男主角奖，第8届金鸡奖最佳男主角奖。导演吴天明这样评价说：“如果我们的专业演员都能像艺谋下这样的苦功，我国银幕上虚假的表演不是可以大大减少吗？如果我们的电影创作者都能像艺谋那样全身心地扑到事业上，中国电影还愁赶不上世界先进水平吗？”吴天明的这段话，对于我们每个人，事实上都是很好的诘问。

与张艺谋有过接触的人，都知道他是一个工作狂。一旦他在做一件事，一旦他在思考一件事，他可以不吃不睡连轴转，而且又总是乐此不疲。

在拍摄电影时，张艺谋的工作精神让许多人都佩服不已。白天拍了一天戏，晚上还要开会讨论剧本，而第二天早晨在分镜头时，人们又会发现许多他自己新创作出的场景和对话。算起来，他每天至多睡四五个小时。而有了剪辑机以后，他每天在开完会后还要剪片，以便发现问题，及时补救。这样一来，他的睡觉时间每天实际上也就两三个小时了。

张艺谋最大的爱好就是侃艺术、侃剧本。在这一过程中，电影的基本创作思路和情节安排常常就敲定下来了。为了一个问题，他可以一夜不睡，与人侃个没完。最常见的情形是，与他对侃的人都支撑不住而昏然入睡，而他仍旧精神饱满。这里，体力固然是很重要的一个方面，但若没有热爱艺术这一精神支柱，没有谁能长期坚持下去，并创造出这样辉煌的艺术成果。

张艺谋说：“我不想做稳稳当当高悬天际的恒星，而宁可像一颗流星那样，虽然转瞬即逝却全部闪出它灼目的光芒。”这就是张艺谋的人生观，他要把生命与艺术创作联系起来，并愿意为了艺术而奉献自己全部的智慧、热情、精力，甚至生命。

从张艺谋的身上，我们不难读出敬业精神的内涵。在他这里，工作是一种责任，一种事业，一种信仰，一种追求，一种凝结着心血和梦想的艺术品。试想，当我们对一项工作投入所有的时间和精力去努力时，最终会一无所成吗？

品悟人生

爱迪生是这样理解敬为业的："事业心将你的身体与心智的能量锲而不舍地运用到同一个问题上而不厌倦。大多数人都在做事，从早忙到晚，也很努力。唯一的问题是，他们在这些时间里做很多事，而我只做一件。假如你们将这些时间运用在一个方向、一个目标上，你们同样也能够成功。"

第五章

勇于改变，在不景气中找回争气的自己

为什么有人做事费尽心血，结果还是一败涂地？为什么有人做事不费吹灰之力，但他总能马到成功？其中的差别就看能不能走出一条新路来。千军万马挤独木桥，挤破脑袋还不一定能过去，只有勇于改变者，才能在不景气中找回争气的自己。

不景气，变被动为主动就能成功

人生会有独木桥，但不可能总有独木桥，关键要看你变被动到主动的过程和手段。不知此要，一定会辨不清正误和成败。

的确，人的一生是正确与错误、成功与失败交织的一生，每个人都在严酷的生存竞争中苦苦挣扎，就像千军万马过独木桥，稍有不慎，就可能被淘汰出局。成功与失败是人生的两个极端，又只在咫尺之间。有人把它们称之比邻而居的门户，也有人说它们不过是前后步伐，其结果相距那么遥远，又如此紧密相连，成败的转换只是瞬息之间，没有永远的失败者，也没有永恒的成功者。只有经得起成功，更经得起失败的人，才是真正成功的人。在遭遇失败时，我们不妨自己说："失败只是暂时停止的成功而已!"

每当出现错误时，我们通常的反应是："真是的，又错了，这次是哪里不对?"从另一方面看，有创造力的思考者会了解错误的潜在价值，而说些类似："看这个！它能使人们想到什么?"的话，然后他会利用这错误当做垫脚石，来产生新创意。事实上，整个人类发明史充满了利用错误假设和失败观念来产生新创意的人。哥伦布以为他发现了一条到印度的捷径。开普勒偶然间得到行星间引力的概念，他是由错误的理由得到正确假设。再说爱迪生还知道上万种不能制造电灯泡的方法呢。

当出了差错，或遭受某个挫折，造成了某种损失后，成功者会汲取教训，设法补救，以扭转不利局面，变被动为主动。

19世纪初，欧美各国的采矿业日益发展起来，但矿下作业的照明工具还十分落后，矿工们需要举着蜡烛在黑暗的矿下艰苦采掘，稍不留神，烛火点燃了瓦斯就会发生可怕的爆炸，许多矿工为此惨遭死亡。应矿界要求，当时身为皇家学会会长的英国科学家戴维，经过千辛万苦，终于发明了一种用铁丝网罩着“烛火”的“安全灯”。由于这种灯不容易引起瓦斯爆炸，因而深受矿工欢迎。然而，以“清高”自居的戴维，竟在没有及时申请专利的情况下，就轻易公开了这一发明成果。于是，不法之徒见利忘义，乘机纷纷粗制滥造，一批又一批的劣等商品抛到了市场。结果，矿工们用了“便宜”的劣等品，事故迭起，死伤的人数急剧增加。戴维耳闻目睹此种惨剧，于心不安，深感悔恨，逐渐明白了是他昔日的失策导致了无数矿工的死亡，这实在太蠢了。如果他当初及时申请发明专利，那就会受到专利法的保护，不会允许他人侵权，就会进一步激励人们发明创造的积极性，在他发明的基础上，不断创新，精益求精，研制出一代胜过一代的“安全灯”。

戴维放弃了专利申请，造成了意外的严重后果，他的悔恨可惜，可叹！

人在遭遇失败后，要及时总结经验教训，有针对性地采取补救措施，以防损失继续扩大，也防止再次重复所犯的错误。亡羊补牢虽有点“马后炮”的味道，但却是十分必需和必要的。失败是成功之母，更应该说失败是进步的里程碑，是勇者、强者与懦夫的天然分界。

品悟人生

一位大哲人说得好：成功没有平坦的大道可走，只有敢于面对现实，不怕失败，人们才可以达到成功的彼岸。

在失败面前，不妨试着换一条路去走

在这个世界上，从来没有绝对的失败，也从来没有不可能抵达的终点。一条路行不通，不妨换其他的路试试。有时你的心愿和你的目标只有一墙之隔。推倒了这堵墙或者绕过这堵墙都可以抵达目的地。所以，要学会换思路，没有必要一条路走到黑，直到耗尽最后的精力，却仍一事无成。

心理学家的研究表明，一个人的创造能力与他的思维能力成正比关系，一个人的思维能力越强，他的创造力就会越强。而创造性思维不受已有的思维定势和已有条条框框的限制。因此通过运用创造性思维，我们能够独辟蹊径，从完全崭新的角度来认识事物和分析问题，从而达到“柳暗花明”的效果。

正如里斯与特劳特说的：“如果你不能成为某类产品中的第一，就应该努力去创造另一类新产品。”

据说，吴道子刚开始学画时，拜一位普通的画匠为师，这位老画匠循循善诱，毫无保留地将自己全部画技传授给了吴道子。当他发现弟子的画技已经超过了自己时，就胸怀坦荡地让吴道子另择高师，继续学习。而且，他用自己一生总结的经验教训，教育弟子：要想取得突出的成就，必须要打破常规，走前人没有走过的路。

当吴道子拜别师傅出外求学时，老画匠对他意味深长地说：如今你的画技已经在师傅之上，凭你这身本领，自然可以出去闯荡了。但是一定要记住：要想取得事业的成功，必须“不拘成法，另辟蹊径”。

吴道子在离开师傅以后，始终遵循师傅的教诲，首先在学习上打破已有的框框，勇于从传统学画的老路中走出来，不是拜画家为师，而是拜著名的狂草书法大师张旭为师，进行创造性地学习。张旭一向以不拘一格、敢于创造的精神而为人称道，人们颂扬他为“狂”，这正是对他创造精神的一种肯定。

吴道子跟张旭学习书法，一方面从他笔走龙蛇的草书艺术中吸取营养，另一方面也学习张旭的创造精神。经过刻苦努力，终于做到了将书法、绘画融为一体并首创了“兰叶”描技法。当他完成了这段学习任务，准备拜离张旭时，对张旭讲了自己的心里话。他说：“弟子本习丹青绘画，可惜现今画坛技法俱已陈旧，弟子志在创新。幸得偶见恩师书法，笔走龙蛇，大气磅礴，猛悟得若能以书法绘画，便可一改前代画风，于是拜在恩师门下。现在弟子就此告辞，还要去云游山川、庙宇，再创山水画技！”吴道子的大胆创造精神使得富有创造精神的张旭也为之叹服。

吴道子本着蒙师“不拘成法，另辟蹊径”教导的指引，游遍了祖国壮丽河山，师法自然，最终才有了那张千古绝唱的“天王送子图”。

他的学习过程、创作过程都非从他人之法贯穿始终，而是在不断地寻求其他的路，因而可以成一派风格。纵观古今中外书画大师的作品，他们无一不是因为有自己的独特风格，才可以独立成体、成家。其他领域同样如此。因此，当别人走过的路已经不可再有新意出现时，你就该换其他的路走，而不是继续走原来的老路。

品悟人生

一个争气的人，不会总是在一个层次上固守着不动，许多事情，只要我们换个角度思考，就能更清楚地看清自己和别人，也能更清晰地理解一切事物。

不要死守不景气，求新才会有出路

中国商朝的始祖汤，曾在他使用的盘子上面刻着“苟日新、日日新、又日新”的字句。这句话的真正意义，是告诉我们，应该抱着日新又新的心理去观察每一件事情。如果能够确切实行，自己的思想也会愈变愈新。

美国实业家罗宾·维勒说过："我成大事的秘诀很简单，那就是永远做一个不向现实妥协而刻意创新的叛逆者。"

当全美短帮皮靴成为一种流行时尚的时候，每个从事皮靴业的商家几乎都趋之若鹜地抢着制造短帮皮靴供应各个百货商店，他们认为赶着大潮流走要省力得多。

罗宾当时经营着一家小规模皮鞋工厂，只有十几个雇工。

他深知自己的工厂规模小，要挣到大笔的钱绝非易事。自己薄弱的资本、微小的规模，根本不足以和强大的同行相抗衡。罗宾如何在市场竞争中获得主动权，争取有利地位呢？他有两条路可以选择：

一是在皮鞋的用料上着眼。就是尽量提高鞋料成本，使自己工场的皮鞋在质量上胜人一筹。然而，这条道路在白热化的市场竞争中行走起来是很困难的，因为自己的产品本来就比别人少得多，成本自然就比别人高。如果再提高成本，那么获利有减无增。显然，这条道路是行不通的。

二是着手皮鞋款式改革，以新领先。罗宾认为这个方法比较妥当，只要自己能够翻出新花样、新款式，不断变换、不断创新，招招占人之先，就可以打开一条出路，如果自己创造设计的新款式为顾客所钟爱，那么利润就会接踵而至。

经过更深入的思考，罗宾决定走第二条道路。

他立即召开了一个皮鞋款式改革会议，要求工厂的十几个工人各竭其能地设计新款式鞋样。

为了激发工人的创新积极性，罗宾规定了一个奖励办法：凡是所设计的新款鞋样被工场采用的设计者，可立即获得1000美元的奖金；所设计的鞋样通过改良可以被采用，设计者可获500美元奖金；即使设计的鞋样不能被采用，只要其设计别出心裁，均可获100美元奖金。

与此同时，他又设立了一个设计委员会，由5名熟练的造鞋工人任委员，每个委员每月额外支取100美元。

这样一来，这家罗宾的皮鞋工厂，马上掀起了一股皮鞋款式设计热潮。不到一个月，设计委员会就收到40多种设计草样，采用了其中3种款式较别致的鞋样。罗宾立即召集全体大会，给这3名设计者颁发了奖金。

罗宾的皮鞋工厂根据这3个新款式试行生产了。

第一次出品是每种新款式各制皮鞋1000双，立即将其送往各大城市推销。

顾客见到这些款式新颖的皮鞋，争相购买。

两星期后，罗宾的皮鞋工厂收到2700多份数量庞大的订单。罗宾开始忙于出入各大百货公司经理室，跟他们签订合约。

因为订货的公司多了，罗宾的皮鞋工厂逐渐扩大。3年后，罗宾已经拥有18间规模庞大的皮鞋工厂。

随着皮鞋工厂增多，做皮鞋的技工便供不应求。最令罗宾头疼的是别的皮鞋工厂总尽可能地把工资提高，挽留自己的工人，即便罗宾出重资，也难以把其他工厂的工人拉出来。缺乏技术工人对罗宾来说是一道致命的难关。因为他接到了不少订单，如无法给买主及时供货，将意味着他得赔偿巨额的违约损失。

罗宾忧心忡忡。他召集18家皮鞋工厂的工人又开了一次会议。他始终相信，集思广益可以解决一切棘手问题。

罗宾把没有工人可雇用的难题诉诸大家，要求大家各尽其力地寻找解决途径，并且重新宣布了以前那个动脑筋有奖的办法。

会场一片沉默，与会者都陷入思考之中，不遗余力地想办法。

过了一会儿，有一个小工举起右手请求发言。得到罗宾的同意后，他站起来怯生生地说："罗宾先生，我以为雇不到工人无关紧要，我们可用机器来制造皮鞋。"

罗宾还来不及表示意见，就有人嘲笑那个小工："孩子，用什么机器来造鞋呀？你是不是可以造一种这样的机器呢？"

那小工窘得满面通红，惴惴不安地坐了下去。

罗宾却走到他身边，请他站起来，然后挽着他的手走到主席台上，朗声说道："诸位，这孩子没有说错，虽然他还没有造出一种造皮鞋的机器，但他的想法非常好，大有用处，只要我们沿着这个思路想办法，问题一定会迎刃而解。我们永远不能安于现状，思维不要局限于一定的桎梏中，这才是我们永远能够不断创新的动力。现在，我宣布这个孩子可获得500美元的奖金。”

经过4个多月的研究和实验，罗宾的皮鞋工厂的大量工作就被机器取代了。

罗宾·维勒的名字，在美国商业界，犹如一盏耀眼的明灯，他之所以能成大事，与他时时保持锐意创新的精神是密不可分的。

做事有两种方法，一是创新，二是模仿。争气的人，总能在别人看不到机会的地方发现新的出路，找到起死回生的办法；模仿别人的人，即使机会能从天上掉下来，也常常是两手空空。所以，会闯会干的人，必须让创新思维注入自己的大脑中，时时刻刻去想“金点子”、找“金点子”，做到人无我有、人有我新。

品悟人生

应该抱着日新又新的心理去观察每一件事情。如果能够确切实行，自己的思想也会愈变愈新。

赶走浮躁，争气就是认真做好每件事

不管做什么样的人，穷人或富人，官员或普通百姓，都不可有势利气，就是说不要折屈自己的人品去趋炎附势。不管从事什么职业，从艺还是经商，务农还是做工，都不可有粗浮心，就是不可有粗枝大叶、马马虎虎、浮躁不踏实的心态。

美国著名演员菲尔兹曾说道：“有些妇女补的衣服总是很容易破，钉的扣子稍一用力就会脱落；但也有一些妇女，用的是同样的针线，而补的衣服、钉的纽扣，你用吃奶的力气也弄不掉。”做事是否认真，体现着一个人的心态。只有那些有着严谨的生活态度和满腔热忱的富有敬业精神的人，才会认真对待每一件事，不做则已，要做就一定要尽心尽力做好。这样的人也往往会得到别人的信任，为自己打开成功之门，开创与众不同的人生。

1985年，卡菲里在西雅图维尤里奇学校当图书馆员时，有一天，一个四年级老师来找到他说，她有个学生总是最先完成功课，他需要干点别的对他有挑战性的工作。“他可以来图书馆帮帮忙吗？”她问道。

“带他来吧。”卡菲里说。

不一会儿，一个穿牛仔裤和圆领衫，长着沙色头发的清瘦男孩进来了。

卡菲里向他讲述了杜威十进制分类藏书法。他很快明白了。然后，卡菲里让他看了一堆卡片，上面的书目都是逾期很久未归还的。但现在卡菲里怀疑这些书其实已归还，只是夹错了卡片和放错了地方，需要查找核实一下。

“这是否有点像侦探工作？”他眨着眼睛兴奋地问。

卡菲里说：“是的。”

他便劲头十足，像个真正侦探似的干开了。

到他的老师进来宣布“休息时间已到”时，他已发现了3本夹错卡片的书。他还想继续把活干完为止，但老师说他得出去呼吸一下新鲜空气。她最后说服了他。

第二天早晨，他很早便来了。“我想今天把夹错卡片的书全找出来。”他说。到下午下班前，他问卡菲里，他是否已够格当个真正的图书馆员，卡菲里说这毫无疑问。他实在勤奋认真得可以。

几星期后的一天，卡菲里在办公桌上发现了一张请柬，是那个整理图书的学生请他去家里吃晚饭。

在那愉快的晚宴结束前，那位学生的妈妈宣布，他们全家将搬到附近一个地区。她还说，她儿子最舍不得的就是维尤里奇图书馆。

“今后谁来找遗失的书呢？”他问。

到他搬家时，卡菲里很不情愿地同他分了手。这男孩乍一看似乎很寻常，但他做事的那种专注和认真却使他显得与众不同。卡菲里万没料到的是，那个男孩日后会成为信息时代的奇才，他就是因创办微软公司而改变全世界的比尔·盖茨。

认真的精神，其实质是对自己、对他人、对家庭和对社会的高度责任感。一个制作飞机轮胎的工人，就要认真地保证产品的质量，不然，马马虎虎做出的轮胎装到飞机上，就可能发生机毁人亡的大事故。协和飞机曾发生恶性事故，原因就是出在轮胎质量不合格上。日本的电器产品和汽车一向以高质量著称，但近一两年却发生了一些严重的质量事故，如电视机爆炸、汽车的安全气囊失灵等，引起消费者强烈不满。这与某些日本生产厂家的粗浮作风不无关系，而且也已引起了他们的深刻反省。

做事能否认真，与有否耐心关系密切。《围炉夜话》一书里把处事心浮气躁、耐不得麻烦视作一个人最大的缺点。许多人做事只图快，只图省力气，怕麻烦，于是偷工减料，“萝卜快了不洗泥”，这样做出的“成果”必然是经不起检验。现在市场上许多劣质产品使消费者吃尽苦头，其中原因之一就在于某些制作者不愿意耐心地按工艺要求去做，结果产品如同废品一般。

曾经有一位著名作家说道：“无论做什么事情，都应该尽心尽力，一丝不苟。这是因为，究竟什么才事关真正的大局，究竟什么才是最重要的，这一点其实我们也不是很清楚。也许在我们眼里微不足道的小事，实际上却可能生死攸关。”一个质量不过关的轮胎会毁了一飞机的人，一个标示错的标点会带来极大的财产损失，一个设计上的小小错误会使一座大桥塌陷……这样的教训太多了，我们应该引以为戒。

品悟人生

认真地做事，认真地做人，这在今日这个浮躁的时代尤其需要我们身体力行。不要放纵自己的“粗浮心”和“十分不耐烦”的坏毛病。

不妨改变，能闯的路绝不会只有一条

创意本身并不是一种简单的心理活动，它是一种探索性的活动，需要多种思维模式的共同参与，才能在众多可行的路径中寻找出最佳捷径。

一般人的思维模式，就像埃及的金字塔一样，是拾阶而上的，也就是习惯于把思维的触角向前、向上延伸，而忽略了向左、向右、向后、向下的思考路径。

而会闯的人则鄙弃这种思考模式，他们喜欢突破传统，他们热衷于灵活思考，所以，他们会取得令人瞩目的成果。

世界五百强企业美国玩具R公司的创始人詹姆斯在创业之初，由于他灵活的头脑和坚实的努力，使公司的效益一直很好，但是随着竞争的日趋激烈，公司效益一日不如一日，仓库的产品越积越多。

为此，詹姆斯和员工们想尽了许多改进的办法，但是都不见成效。公司的很多员工见公司的状况一日不如一日，都纷纷作鸟兽散。

面对倒闭的压力，詹姆斯简直有些喘不过气来，整日寝室不安。妻子看到他灰心丧气，便建议他："你不如先出去旅行几天，释放一下心中的不快，缓解一下压力，说不定过几天公司的事情就会有转机了。"

詹姆斯接受了妻子的建议，开车和妻子来到了海边，他们在海边的一家小旅馆住下。这里风景不错，每天可以观看潮起潮落，欣赏大海上来来往往的船只及飞来飞去的海鸥。但詹姆斯却无法忘怀工作上的烦恼，他始终在思考着如何处理公司的积压玩具的问题。

这天中午，正当他终于放心不下公司，准备回去的时候，妻子推了推他说道："亲爱的，你看那些孩子多可爱，面对如此丑陋的玩具，竟然玩得如此开心。"

詹姆斯顺着妻子手指的方向望去，看到几个活泼可爱的小孩子正在争夺一只丑陋无比的玩具，他们奔跑着，打闹着，脸上洋溢着无比快乐的笑容。

此时，詹姆斯头脑中一个念头一闪而过：原来如此丑陋的玩具也能讨得孩子们的欢心啊！

回去以后，詹姆斯立刻将公司的那些玩具都进行了变脸，使他们成了丑陋无比的怪物。同时改进公司的设备，专门生产那些丑陋的玩具。

结果正如詹姆斯所料，玩具极其畅销，公司也因此度过危机，并最终发展壮大。

面对问题，许多人往往容易采取惯性思维模式，也就是总按着常情、常理、常规去想，或是按着事物发生、发展的客观顺序去想，比如从前到后、从上到下、由近及远的顺序去想。这样想问题，虽容易找准切入点，但有时成效不大，而打破思维去思考问题和解决问题时，效率有时会出奇的好。

时常转换思维模式，寻找另一条创新之路，这是聪明者的做法。条条大路通罗马。不让思维定势束缚住自己的手脚的人，他们会给自己一个自由伸展的思维空间。

约翰是一名才华横溢的青年，学有所成后，他怀揣着博士文凭去找工作。不料，自信满满的他却到处碰壁，根本无法实现自己高收入、高发展的梦想。

几次碰壁之后，他不由得开始反思，是自己所学的专业不好吗？按理说，计算机专业是“朝阳”专业，应该正是春风得意的时候啊！可为什么自己就找不到适合的工作呢？反复思量之后，他得出了一个结论：是自己把目标定得太高了。

于是，约翰决定改变思维方式，降低择业标准，从最低层干起。他收起了博士文凭，用一种普通人的身份来到IBM，参加一般员工的应聘。

结果，他被录用了，做了一名普通录入员。这份工作是稍有学历的人都不屑一顾的，而他这位博士却干得认认真真，一丝不苟。

没过多久，主管就发现了他是一个才华出众的人。因为一个小小的录入员竟然能看出公司程序中的错误，这是一般录入员所无法比拟的。此时，约翰亮出了自己的学士证书，主管马上给他安排了一个与本科生对口的工作。

过了一段时间，主管又发现约翰在这处岗位上依然干得游刃有余，得心应手，而且还提出了许多颇有见地的建议，这令主管大感意外，因为这是一般大学生所无法企及的。这时，约翰又拿出了自己的硕士文凭，主管又提升了他。

因为有了前两次的经验，公司的老总们开始格外地注意观察约翰，发现在这个新岗位上，他的所作所为仍然是一个硕士生所无法与之相提并论的。这一情况再次引起了老总们的注意，甚至惊动了总裁托马斯·沃森，他亲自找约翰谈了一次话。

至此，约翰终于拿出了自己的博士文凭，并讲述了自己的求职经历。托马斯·沃森此时才恍然大悟，并毫不犹豫地重用了他。

约翰的成功，一方面是源于他过人的学识、能力，以及脚踏实地的敬业精神，但最主要的是，他在求职过程中所应用的创新思维，更是深得托马斯·沃森的赏识。因为托马斯·沃森相信，只有创新意识强的人，才能为公司的发展带来活力。

约翰在众人皆“进”的情况下，却出乎意料的采取了一种“退”的方式。这种“退”，不是逃避，而是以退为进！前进是为了取得成功，后退也是为了取得成功——只要达到了成功的目的，后退一步又何妨？

思维作为一种灵动的精神活动，它最忌讳的是呆板与教条，任何形式的清规戒律，都会束缚其手脚，使它不能大展所长。想要闯出名堂，不能把自己局限于一种简单的思维定势之中。

我们应该用一种大的视野，一种鸟瞰全局的胸怀，来看待自己闯荡的这个世界；用一种灵活多变的形式、一种随机应变的智慧去分析判断问题，该进则勇往直前，绝不畏首畏尾；该后退时就果断撤退，绝不拖泥带水！

品悟人生

不管采用哪种方式，走哪一条路，只要你最终解决了问题，它就是最好的方式，最正确的路！记住，办法绝不会只有一个，脚下的路也绝不会只有一条！

敢于另辟蹊径，才是真正争气的人

争气的人，寻常的坦途他偏不走，一定要在“独木桥”上创造辉煌。他这是在冒险吗？不，他恰恰是选择了风险最低的一条路，很多时候，越是冷僻的路，走起来就越顺畅。因为，每一条“阳关大道”上都挤满了盲目的人群，这些“阳关道”有时并不好走，甚至还有摔倒或被挤出队伍的危险。“独木桥”虽然狭窄，但由于是一个人走，所以难度大大降低，“独木桥”也就成了“阳关道”。

有一次，公司请一位商界奇才做报告，大家非常希望能听他谈谈成功之道，以对自己的发展有所帮助。

但他只是说：“还是出一道题考考你们吧。”

“某地发现了一处金矿，于是人们一窝蜂地拥去开采。然而，一条大河挡住了必经之道，如果是你，你会怎么办?”

“绕道走，就是费点时间”，有人说。

“干脆游过去。”

但是他却含笑不语，等人们议论声过后，他开口了：“为什么非得去淘金？为什么不可以买一条船开展营运?”

全场愕然。

他却说：“那样的情况下，你就是宰得渡客只剩下一条短裤，他们也会心甘情愿呀！因为前面有金矿啊!”

淘金确实是条“阳关道”，淘到了金子你就可以发财，这样的好事谁不愿意去做。但淘金的人太多了，这条路就可能变成“独木桥”，为了金子动手、动口、动刀、动枪，这都不是什么稀罕事，所以你何不试试走“独木桥”呢？渡船是小本买卖，本来不会有多少利润，但因为只有你在做，所以你就占据了优势，你尽可以漫天开价，还怕那些想渡河的人不付钱吗？

生活中，我们总是盯着“阳关道”，跟别人互相推着、挤着，结果很多时候弄得头破血流，却还是一无所获，但如果你能试着换一条人生之路，也许会走得更顺畅。

1998年，张野第三次高考落榜，这一次，他拒绝了父母让他再复读的建议，决定去做点别的，张野的父母都是知识分子，他的哥哥姐姐也都考上了大学，父母觉得一个人如果上不了大学，那他就永远也不能出人头地，因此张野的想法在家里引起了轩然大波。张野没有理会家人的反对，开始了自己的创业历程，他相信成功的路不只一条，自己没必要非往高考的窄门挤。张野试过很多工作：卖服装、开报刊亭、办搬家公司……但都没有成功。2001年夏天，他在某报纸上看到了一则诚招加盟某高级干洗连锁店的广告，经过分析，他认为前景不错，便果断地投入了资金办起一间连锁店。三年过去了，张野的生意越做越大，手下已经拥有7间分店，并被当地评为十大杰出青年，他的父亲感叹地说：“真没想到，这小子走‘独木桥’竟然走出了名堂！”

张野在第三次落榜后，就决定放弃自己的大学梦，另走一条适合自己的路，这绝不是意气用事，而是在人生路口上从另一种思路出发做出的新选择。但是，值得说明的是，这种选择并不是以消极的或者被动的方式进行的：像有的人那样，一旦在自己的人生路上遇到点挫折和坎坷，不是沉沦消极，怨天尤人，就是不思进取，自暴自弃，而是以一种“山重水复疑无路，柳暗花明又一村”的乐观、通脱、放达的人生态度，独辟蹊径，走向人生的另一境界。

实践证明，张野的选择不但显示出他过人的胆识和魄力，而且也说明，人生价值的实现途径是多样的，关键是你能否正确地看待自己，客观地估价自己。一个人只有正确而客观地看待和估价自己，他才能够面对现实对自己的人生之路做出正确的选择。

品悟人生

不随大流走自己选择的冷僻路，是一条充满荆棘与鲜花的刺激之旅。要么跌得很惨，要么掌声雷动。但肯定的是在这个过程中是要付出很多的。但只要你有胆识，能坚持，你就可以获得无比辉煌的成功。

人的成功在于扬长避短

有一个年轻人，他一直有个迷惑不解的问题，一天晚上在睡觉时他梦见了上帝。于是，他就问上帝：请问上帝，天堂和地狱有什么不同呢？上帝看着他，说：你跟我来。于是年轻人跟着上帝来到了地狱。看到地狱里一片狼藉，人人骨瘦如柴。他们围坐在一个大饭锅旁，每人手里都有一个两米长的勺子，他们努力的用勺子盛饭，又费力地自己够着去吃，没等吃完，时间一到，饭锅就被人抬走了。上帝又领着他去了天堂，年轻人看到另外一番景象：同样的大饭锅，同样的两米长的勺子，不同的是每个人拿勺子去喂别人吃，每个人却是那样快乐与开心……年轻人顿时恍然大悟，他明白了，这是双赢的智慧。

原来天堂并不是我们想象的那样，它是一个给他人满足，然后自己满足，是互相帮助和无私付出的地方。一个人懂得改变和付出这才是最关键的，穷则变，变则通，通则达，只有无私的付出，才会有意想不到的结果。通过彼此的付出，这就形成了一个双赢的局面。这种观念是一种智慧。

一个人的优劣是在比较中可以看出来的，扬长补短、一举两得就是双赢的大智慧。有如此智慧的人，才能出类拔萃取得成功。

其实，每个人都有着自己的长处，因此有人说：上帝为你关闭了一扇门，那他一定会为你打开一扇窗。很多天生残疾的人之所以能获得成功，就是扬长避短的结果。

我们都熟悉的民间音乐家瞎子阿炳，他眼睛虽然瞎了，却有着超强的音乐才能，他顽强地与命运抗争，经过努力，在音乐方面获得了巨大成功。很多人之所以自卑，就是因为他们只看到自己的短处，而不善于发现自己的长处。如果我们也能像阿炳那样扬长补短，就能在一次次的成功之中树立自信。如，众人所熟悉的田忌赛马的故事。

战国时的齐国大将田忌很喜欢赛马。一次，他和齐威王约定，在赛马中把各自的马分成上、中、下三等，对等比赛。由于齐威王每个等级的马都很强悍，所以比赛了几次，田忌都失败了。这时，孙膑给他出了一个主意：在新的比赛中，以下等马对齐威王的上等马，以上等马对齐威王的中等马，再以中等马对齐威王的下等马，结果以二比一取胜。

故事当中孙膑的谋略在于：不与争气的人争一时的长短，而是依据自己的实际，错开优势，以长击短，因此取胜。这就是我们所说的扬长避短。

金无足赤，人无完人。任何人有其长处，就必有其短处。许多人找工作，特别是刚毕业或即将毕业的大学生，不是根据自己的优势选择职业，而是凭着自己的主观愿望去找大的公司、高薪的职位，如果在某方面是自己的弱项，也希望通过这个工作来磨炼、弥补自己的弱点。

扬长避短是用人的基本方略。一个优秀的管理者应学会容忍下属的缺点，同时积极发掘他们的优点，尝试用长处弥补短处，使每个人都能发挥专长。世界上没有两片树叶是相同的，人更是如此，每个人都必定有自己的独特价值，如果管理者能够让员工发挥自己的所长，通过互补，缺陷就会变少。这样通过整合资源，以一人之长补另一人之短，整体效果就上去了。有人性格倔强，固执己见，但他同时必然颇有主见，不会随波逐流，轻易附和别人意见；有人办事缓慢，手里不出活，但他同时往往办事有条理，踏实细致；有人性格不合群，经常我行我素，但他同时可能有诸多发明创造，甚至硕果累累。

松下电器总裁松下幸之助是在用人方面注重扬长避短的榜样。

中田原来是松下公司下属的一个电器厂的厂长。一次，副总裁对前去视察的松下幸之助说："中田这个人没用，尽发牢骚，我们这儿的工作，他一样也看不上眼，而且尽讲些怪话。"

松下幸之助觉得像中田这样的人，只要给他换个合适的环境，采取适当的使用方式，爱发牢骚爱挑剔的毛病很可能变成敢于坚持原则、勇于创新的优点，于是他当场就向这位老板表示，愿让中田进松下公司。中田进入松下公司后，在松下幸之助的任用下，果然将弱点变成了优点，短处转化为长处，表现出惊人的创造力，成为松下公司中出类拔萃的人才。

有缺陷并不可怕，但可怕的是从事与自己缺陷相对应的工作，将自己的特长束之高阁，那你就等于没有特长。任何人的短处中都蕴含着长处，如果能够扬长避短，必定能使事情扭转乾坤。

品悟人生

一个人不可能面面俱到，八面玲珑，十全十美，关键在于努力发挥自己的特长，尽量避免自己的不足。

蛮干行不通，成功在于变通

诺贝尔奖得主莱纳斯·皮林说过："一个好的研究者知道应该发挥哪些构想，而哪些构想应该丢弃，否则，会浪费很多时间在差劲的构想上。"在很多时候，由于种种原因，人们的目标和思维会使自己处于一个两难的境地，这时，最明智的做法是穷则思变，变则通，及时地抽身而退，去开辟其他研究项目，寻找新的成功契机。

在1984年洛杉矶奥运会以前，历届奥运会都无一例外地让承办国在经济上不堪重负。例如1976年，加拿大蒙特利尔市承办奥运会，亏损达10亿美元，至今加拿大人还要为此交纳“奥运特别税”，预计到2030年才能还清全部债务。而1980年在莫斯科举行的奥运会，据当时的苏联政府说至少花费了60亿美元之巨。

46岁的尤伯罗斯临危受命，承担起筹备1984年第23届奥运会这项艰巨任务。筹委会一成立明确宣布，本届奥运会完全“商办”，组委会是独立于美国政府以外的“私人公司”。为了筹集资金，尤伯罗斯绞尽脑汁，决定利用一切可以利用的力量。盛况空前的洛杉矶奥运会，尤伯罗斯不仅没花东道主美国一分钱，而且还创造了2.1亿美元的盈余。

本届奥运会最大的一笔收入，是出售电视实况转播权。组委会开出的国内独家转播权的价格是3.2亿美元。这个价格是蒙特利尔奥运会电视转播权价格的6.6倍。价格开出后，美国三家最大的电视广播网都认为价格过高，一时难以定夺。美国广播公司请了几十位经济专家仔细计算，认为有利可图，于是，先下手为强，抢在全国广播公司前买下了电视转播权。

世界知名公司赞助款项也是收入的重要来源。本届奥运会规定，正式赞助单位为50家，每家至少赞助800万美元，在每一个项目中只接受一家赞助。而赞助商都可取得本届奥运会上某种商品的专供权。这样一来，各厂商为了宣传自己，互相竞争，出高价抢夺赞助权。

运用卓越的推销才能，尤伯罗斯成功地挑起同行业间的竞争。当国际商业机器公司决定不参加赞助的时候，尤伯罗斯打电话给该公司的主席，他巧妙地警告对方，另一家名称只有三个英文字母的规模巨大的电脑公司也有兴趣。这小小的一个电话逼得对方乖乖签约。

柯达公司也认为赞助费太昂贵，表示没有一家摄影器材公司愿意付出800万美元赞助费时，尤伯罗斯警告他们，外国竞争者同样可以争夺本届奥运会赞助权，该公司仍然执迷不悟。尤伯罗斯毫不迟疑地把赞助权售给日本的富士摄影器材公司。于是，日本富士公司以1000万美元的赞助费，战胜柯达，取得本届奥运会专用胶卷供应权。

“百事可乐”和“可口可乐”两家饮料公司的竞争也十分激烈。“可口可乐”抢先一步开价2000万美元，成为本届奥运会开价最高的赞助，取得了饮料专供权。

这届奥运会的门票价格是相当高的，开幕式和闭幕式门票售价分别为200、120、50美元三种，门票总收入达9500万美元。

奥运会火炬是在希腊点燃的，这一届洛杉矶奥运会在美国国内的传递仪式，由东至西，全程15000公里，沿途经过32个州1个特区。火炬接力采取捐款的办法，火炬传递权以每公里3000美元出售。仅这一项收入就达4500万美元。

在短短的十几天内，第23届奥运会赢利2.1亿美元，是原计划的10倍。尤伯罗斯本人也得到了47.5万美元的红利。在闭幕式上，国际奥委会主席萨马兰奇向尤伯罗斯颁发了一枚特别的金牌，报界称此为“本届奥运最大的一枚金牌”。尤伯罗斯创造了震惊世界的奇迹，他的名字，将永载奥运会的史册。

一个人要想在事业上成功，首先是要学习变通，但变通不是无原则的随意行动，它必须要是合理，即合乎实际情况和客观规律等方向，如果只是一味地坚持既定的方针，而不知变通，往往是投入了大量精力，最终还是一事无成。

品悟人生

在人生的竞技场上，要想闯出与众不同的事业，必须学会变通。因此，不要抱怨社会的路太难走，好不好走关键看你能不能灵活地去改变自己。

换一种活法，成功会更近

世界在不同追求的人眼里有不同的色彩，生活在不同心态的人眼里也具有不同的滋味。要改变原有的色彩，原有滋味，首先须从改变自己做起。

有个年轻人小时眼睛受了伤，他的父亲为了让孩子不致因此一生荒废，便让他学习画画。他果然爱上这门艺术，心里变得很充实。然而考大学时，父亲坚决不同意他上美术学校，说他还没有明白自己这一生想要做什么，最好还是先学点知识再作决定，于是他选择了外语。大学毕业后他去深圳的一家卖鞋子的公司做营销，他喜欢各种各样舒适的鞋子，工作做得非常出色，受到提拔和重用，也挣了不少钱。但他总是梦见作画，有一天他终于明白自己这一生还是想当个画家，于是他带着自己的所有积蓄就读了中央美术学院的进修班。这几年他一直一边教书一边画画，后来仍觉得教书这件事有太多的时间限制，不足以自由地画画，所以决定利用自己的所长做翻译工作，这样便可以自己决定时间的安排，为了尽量节省生活上的费用，也为了有一个好的绘画环境，他最后又决定带着妻子住到皖南的一个小山村里去。他认为这是一个三全其美的生活方案，绘画、生活和生计都配合得非常合适，生活过得平静快乐又意趣盎然。

故事中的这个年轻人有创造的才能，喜欢自由而不受约束地生活，无疑认真地工作会拿到一份不多不少的工资，但经由他聪明的安排，成功地使生活为自己的梦想服务。他决定离开深圳去美院学画的那一刻起，就从按部就班的发展前景中消失了，就像是从一个向上的台阶上跳出来一样，从此再没有人可以按照阶梯的秩序来描述他的社会位置，他也就摆脱了向上走的劳累，他不再焦虑地做梦，因为梦就在他的眼前。因为得到了梦想的事，他生活得充实而快乐。

在我们身边有多少人不愿放弃自己的美梦，直到老态龙钟，也不知道何去何从，几十年不曾惊醒，留下的是永久的伤痛。而说“活着没劲”就像说“不活也没劲”一样没意思。所以，与其这样消极地面对每一天，不如做个改变，换个活法。采用一种全新的方式去处事待人，你就会发现自己变得心情舒畅，让自己的听作所为都有所改观。

品悟人生

换了一种活法之后，你会感到如同脱胎换骨一样，格外轻松愉快，连呼吸的空气都无比新鲜，一片新天地就展现在你的面前，整个世界生机勃勃。

学会改变自己去适应环境

达尔文说过："应变力也是战斗力，而且是重要的战斗力。得以生存的不是最强大或最聪明的物种，而是最善变的物种。"有位经济学家说："千规律，万规律，经济规律仅一条：适者生存。"

要想生存，就要像水一样适应环境，水本无形，也可以有形。放在桶里的水是圆的，放在箱子里的水是方的，它随势而变，不拘一格。必须学会像水一样，善于随着周围的环境改变而改变，随行就市，不断调整自己，改变自己，使自己能够适应周围的大气候，这样才能在竞争中立于不败之地。水的精神赋予了温商"一有土壤就发芽、一有阳光就灿烂"的生存能力。由于每一个人都无法选择环境，无法要求环境为自己而改变，那就让孩子适应环境，让他在任何情况下都能生存。

孩子放学回家把书包随手扔在了沙发上，然后垂头丧气地说："我不喜欢这个新学校，老师没有以前的和蔼，同学间也不是很好相处。我不想去学了。"作为爸爸的温州商人却耐心地告诉孩子："这所学校是不会再换了，因为它的教育制度很完善。至于你提出的问题，你自己有没有想过是什么原因造成的呢?"孩子执拗地说："我没有犯错。"

温州商人说："是不是你迟到后老师批评了你，你就认为老师不够亲切；是不是你让同学与你一起去户外玩贴画，但是大家没去……"这一切都是你自己可以去改变的，而不要去埋怨环境不好。你应该做的是使自己去适应这个环境。而不能遇到了问题就选择逃避。"

随后他又给孩子讲述了这样一个故事：

很久很久以前，人类都还赤着双脚走路。有一位国王到某个偏远的乡间旅行，因为路面崎岖不平，有很多碎石头，刺得他的脚又痛又麻。回到王宫后，他下了一道命令，要将国内的所有道路都铺上一层牛皮。他认为这样做，不只是为自己，还可造福他的人民，让大家走路时不再受刺痛之苦。但即使杀尽国内所有的牛，也筹措不到足够的牛皮，而所花费的金钱、动用的人力，更不知有多少。虽然根本做不到，甚至还相当愚蠢，但因为是国王的命令，大家也只能摇头叹息。一位聪明的仆人大胆向国王谏言："国王啊！为什么您要劳师动众，牺牲那么多头牛，花费那么多金钱呢？您何不只用两小片牛皮包住您的脚呢？"国王听了很惊讶，但也当下领悟，于是立刻收回成命，改采这个建议。据说，这就是"皮鞋"的由来。

想改变世界，很难；要改变自己，则较为容易。与其改变全世界，不如先改变自己——"将自己的双脚包起来走路"。改变自己的某些观念和作法，以抵御外来的侵袭。

品悟人生

当自己改变后，眼中的世界自然也就跟着改变了。如果你希望看到世界改变，那么第一个必须改变的就是你自己。

第六章

设定目标，争气就是向自己的目标奋进

只有明确目标才会有前进的方向，才会有为之奋斗的不竭动力。所以争气的人特别重视自己的人生规划，他们会按照自己的情况确定人生的走向；预设从事的某项工作要达到什么标准或层次；计划着要奠定哪些基础、取得哪些业绩，并以此为终生奋斗的目标。

明确的目标是前进的明灯

有人说，年轻就是资本，年老就是财富。这句话是说，随着年龄的增加，经历丰富了，见多识广了，这本身也是一种财富。大多数人在年轻的时候，都有过远大理想和抱负，都曾经雄心勃勃。几乎每一本成功和励志的书中都告诉我们：不想当将军的士兵不是好士兵。成功的人都有一个伟大的梦想。

随着时光的流逝，年纪的增长，许多人发现，自己距离年轻时候的理想和抱负非但没有靠近，反而离的越来越远了。回头想想自己走过的路，也努力过，奋斗过，也曾经流下了不少汗水，怎么自己就没有成功呢?

问题出在哪里呢？问题就出在他们没有把自己的理想，变成一个确定的目标，没有把勃勃的雄心，变成至高无上的目标和扎扎实实的行动。

人自身就是一座金矿，要有完善的计划才能把它开采出来。

不为自己规划设计的人是对自己不负责任的人，没有规划设计的人生必定是杂乱无章的人生。

爱因斯坦是20世纪世界上最伟大的科学家，他取得了世人瞩目的成就，这与他一生的目标是紧密相连的。

他出生在德国一个贫苦的犹太家庭，家庭经济条件不好，加上自己小学、中学的学习成绩平平，虽然有志向科学领域进军，但他有自知之明，知道必须量力而行。他进行自我分析：自己虽然总的成绩平平，但对物理和数学有兴趣，成绩较好。自己只有在物理和数学方面确立目标才能有出路，其他方面是不及别人的。因而他读大学时选读瑞士苏黎世联邦理工学院物理专业。

由于奋斗目标选得准确，爱因斯坦的个人潜能得以充分发挥，他在26岁时就发表科研论文《分子尺度的新测定》，以后几年他又相继发表了四篇重要科学理论，发展了普朗克的量子概念，提出了光量子除了有波的性状外，还具有粒子的特征，圆满地解释了光电效应，宣告狭义相对论的建立和人类对宇宙认识的重大变革，取得了前人未有的显著成就。

拥有一个远大的目标是极为重要的。一个人之所以能够成功，首要的是因为他拥有一个远大的目标。这个目标对人的影响力非常大，能够改变他的价值观，改变他的信仰，改变他的决策模式和行为方式，进而赋予他行动的力量。

品悟人生

失败了，问题出在哪里呢？问题就出在他们没有把自己的理想，变成一个确定的目标，没有把勃勃的雄心，变成至高无上的目标和扎扎实实的行动。

争气的人往往会确立终极目标

不管是在工作还是生活中，目标的设定都是最基本的要求。要是没有目标，我们就永远不晓得自己该往何处去。这就好比是物理实验中自由运动的粒子一样，如果不能在随机碰撞中巧遇到其他粒子，就只能一直不断地运动下去，当然起不了什么变化。

说得更直白一点，没有目标也就像我们花了一堆时间在规划婚礼，却从没打算结婚一样，我们所做的一切到头来都是一场空。还有些人更糟糕，老是误将短期的计划当作是目标规划。比方说，老在计划着假期要到什么地方去玩，但却不为生活做点实际的规划。对于这种人而言，生活只是由假期来做一个片段一个片段的切割，和做一天和尚撞一天钟没有什么区别。

所以，人生的快乐就隐藏在于我们的一切日常生活之中，只要我们有了目标，内心的力量才会找到方向，毫无目标地生活，到头终究会成为一场空。

所以，在我们行动之前，请先想一想自己要的究竟是什么，自己到底想要干什么？事实上，我们过去或现在的情况并不重要，将来要获得什么成就才最重要。除非我们对未来有理想，否则做不出什么大事来。

一个22岁的员工，因为对自己的工作不满意，他跑来对我说："杨老师，我感到我现在的工作并不满意，我对自己的生活目标是：找一个称心如意的工作，改善自己的生活处境。然后再回到学校去读书，然后出国旅游，可是，现在的工作，连自己的日常生活都满足不了，我还渴望什么呢？"

这位员工讲到这里，脸上露出无奈的表情，于是我问他："如果你现在对你的工作不满意，那么，你想从事什么样的工作呢？"

"我也不知道，所以我才向你请教。"这位员工讲到这里想了想说，"我想去从事销售，可是我没有信心，如果不去呢！又觉得做销售工作非常的赚钱。"

"那你认为你对做什么样的工作才适合呢？你认为做销售你就能适应吗？"我接着问，"我现在想明白，你生活的目标是什么，你最需要实现什么？"

"我……我……我也不知道，"这位员工回答说，"这么多年以来，我一直没有考虑过你刚才问的这些问题。"

"如果让你选择，你想做什么呢？你真正想做的是什么？"我对这个话题穷追不舍。

“我真的不知道，”这位员工困惑地说，“我真的不知道我究竟喜欢什么，我从没有仔细考虑这个问题，我想我确实应该对自己要重新认识了，我应该对自己的目标有所树立了。”

“那么，我给你提个建议吧，”我接着说，“我想你应该向公司领导申请给你换个工作岗位。但是，你不知道你想去哪个部门。你对去销售部还犹豫不决，去开发部还琢磨不定，你不知道你该干什么工作，你也对你将来的工作没有信心，那么，现在你就要去做两件事：第一：看清楚你要的是什么，而大多数人从来不知道要这么做。第二：要有必须为成功付出代价的决心，然后想办法付出这个代价。如果你能做到这两点，那么，你离成功也就不远了。”

我最后和这位员工一起进行了彻底的分析，并对这位员工的性格做了测试，我发现这个员工对自己所具备的才能并不了解。于是我对他说：“你有成功的机遇，但却因为种种原因破灭了，许多成功者当年有奋斗也曾失败，他们一直感激那一天，是失败给他们打开了成功的大门。你具有属于自己特长的地方，你要相信自己，相信你的能力，超过你的同事，超越你的理想，这些并非徒劳的信念。如果你想无所不能，那就具备无所不能的信心吧！”我对这位员工说完之后，我同时也深深地明白，对每一个人来说，前进的动力是不可缺少的，无论我们所从事的工作内容多么令人厌烦，只要他们设法全部按时完成，我们就一定能获得成功——因为没有什么困难能挡住我们前进的脚步。

所以说，一个人若是没有明确的目标，就不会有取得成功的希望。只有当我们树立了目标，并计划着如何实现它的时候，才可以把一个具体的目标看做是一个可行的路线，不管我们在这条路线中将会遇到任何困难，我们都会去克服，因为此时在我们看来，任何摆在我们面前的困难都不是困难，我们不管遇到多少麻烦，都不会轻易放弃自己的目标，把阻挡在路上的绊脚石当作铺路石，继续向自己的目标迈进。

亨利·福特说：“所谓的障碍，就是你把目光从目标移开时所见到的丑恶东西。”一个人找到目标，就好比是找到了开发自我潜能的工具，这是释放自我能量的关键，不论我们付出多少，只要能发挥自己的潜力，就让人体会到生命的意义和价值。如果个人没有目标，就只能在人生的旅途上徘徊，永远到不了终点。

品悟人生

那些成大事者，非常善于在行动之前，通过自己的思维和判断来找到一个适合自己能力发展的目标，因为在他们看来，找准目标就等于成功了一半。

实现目标要自下而上

没有目标的人注定不能成大事，但如果目标过大，我们应该学会把大目标分解成若干个具体的小目标，通过制定并实现年度目标、月目标、周目标，甚至日目标，这样就会提高我们的工作效率，使事业迈上一个新台阶。毕竟我们的奋斗目标是我们获得成功的路线图，它们会决定我们前进的方向，保证我们能够实现自己的目的。

1991年，住在斯德哥尔摩的高兰·克鲁普产生了一个想法：靠自己的力量越过大陆到达尼泊尔，然后，在完全没有帮助的情况下，不带氧气瓶征服珠穆朗玛峰，最后用同样的方法返回家乡。

显然他的计划野心够大的，但这是有可能实现的。他首先对整段路做了切实的研究，然后着手筹集旅行所需的20万英镑的赞助。为锻炼心血管能力，他开始和瑞典越野滑雪队一起进行体能训练。

1995年10月16日，他骑着一辆自制自行车出发了，因为这是一次完全没有后援的探险，他不得不随身带上全部装备，总重量高达129公斤。

4个月零6天后他到达了加德满都，在那儿开始把装备运往基地的帐篷。他一次运73公斤，只能向前运55米，而且运一次要休息10分钟。

他第一次开始怀疑自己完成计划的能力。他说，那次搬运是他一生中惟一一次最可怕的体力考验。

第三次登顶成功了，下山后，他又骑上自行车，跋涉了 12000 公里回到了瑞典。

这时距他离家已经过了 1 年零 6 天。后来，当人们问起他成功的原因时，他是这么说的："每次运行前，我都要把我自己前进的线路仔细看一遍，并画下沿途比较醒目的标志，然后以此为运行目标，这样就可以画到跋涉的终点。在攀登山顶时，我用最快的速度奋力向山顶冲去，就这样，我征服了珠穆朗玛峰。"

许多人做事之所以会半途而废，并不是因为困难大，而是因为他们不敢去做，他们害怕离开自己的安乐窝，他们不敢相信自己可以征服困难，他们不敢踏上征途，结果就这样白白浪费了生命。

所以说，我们应该掌握自己的人生使命，为了我们的追求，我们应该奋勇当先，使自己的生活能配合一个目标，从而实现成功。

从这件事可以看出，当我们在思索人生的一切的时候，追溯其原点，不外乎是基于作为个体存在的人的梦想与目标，而这些梦想又构成了我们整个的人生。如果我们不能很好地认识自己和目标之间的差距，我们就无法取得进步，只有我们知道需要什么，我们才能有所成功。总之，我们在制定目标的时候一定要注意到：我们所制定的目标是属于我们自己的，只有我们知道自己需要什么。而合适的目标，有利于主动提升自己，并在提升过程中客观地衡量、评估，这样才能获得成功，才能成为争气的人。

品悟人生

少数卓越成就的人都是了解自己追求什么的人，并且有完整计划的人。这些人很清楚自己要什么，而且要如何获取。他们为什么能够做到这一点呢？因为他们明白应该做出怎样的定位，以及制定出合理的发展目标。

确立人生之旅的航向你就会成功

如果将争气的人的人生成功比作一栋大厦的话，每栋高楼大厦耸立之前，一开始就要有一个“明确的目标”，另加一张张蓝图作为其明确的建筑计划。试想一下，如果一个人盖房子时，事先毫无计划，想到什么就盖点什么，那将会是什么样子。所以，争气的人总是说，20 岁时最需要做的是：明确自己人生之旅的航向。

很多年前，有一位 20 岁的年轻人曾来找我商量。他表示，对于目前的工作很不满意，希望能拥有更适合于他的终生事业，他极想知道如何做才能改善他目前的情况。

“你想往何处去呢？”我这样问他。

“关于这一点，说实在的我并不清楚。”他犹豫了一会儿，继续回答道，“我根本没有思考过这件事，只是想着要到不同的地方去。”

“你做过最好的一件事情是什么呢？”我接着问他，“你擅长什么？”

“不知道，”他回答，“这两件事，我也从来没有思索过。”

“假定现在你必须要自己做一番选择或决定，你想要做些什么呢？你最想追求的目标是什么呢？”我追问道。

“我真的说不出来。”他相当茫然地回答，“我真的不知道自己想做些什么。这些事情我从未思索过，虽然我也曾觉得应该好好盘算这些事才对……”

“现在我可以这样告诉你，”我说，“现在你想从目前所处的环境中转换到另一个地方去，但是却不知该往何处，这是因为你根本不知道自己能做什么、想做什么。其实，你在转换工作之前应该把这些事情好好做个整理。”

事实上，上述的例子正是大多数人失败的原因。由于绝大多数的人对于自己未来的目标及希望只有模糊不清的印象而已，因而通常到达不了目的地。试想，一个人没有目标，又如何到达终点呢？

后来，争气的人们对这名年轻人进行了一番测验，分析的结果显示，他拥有相当良好自己却浑然不觉的素质与才能，所缺乏的是供应他前进的能量。因此，争气的人教导他从信仰中取得力量。现在他已经能够满怀欣喜地迈向成功之路了。

经过这番测验，他已清楚了解自己究竟该往何处，以及如何才能到达该处。他也已明白何为至善，并期待达到这个目标。现在任何事物均已不可能对他构成障碍，而阻止他前进了。

目标，是一个争气的人未来生活的蓝图，又是争气的人精神生活的支柱。美国著名医生马克斯韦尔·莫尔兹博士在《人生的支柱》中说："任何人都是目标的追求者，一旦达到目的，第二天就必须为第二个目标动身起程了……人生就是要我们起跑、飞奔、修正方向，如同开车奔驰在公路上，有时偶尔在岔道上稍事休整，便又继续不断在大道上奔跑。旅途上的种种经历令人陶醉、亢奋激动、欣喜若狂，因为这是在你的控制之下，在你的领域之内大显身手，全力以赴。"

目标是指想要达到的境地或标准，有了目标，努力便有了方向。争气的人正是有了明确的目标，才会精力集中，每天想的、做的基本上都与他所要实现的目标相吻合，避免做无用功。为了实现目标，争气的人能始终处于一种主动求发展的竞技状态，能充分发挥主观能动作用，能精神饱满地投入学习和工作，能够脱离低级趣味的影响，而且为达到目标能够有所放弃，一心向学，因此，能够尽快地实现优势积累。这就像登泰山一样，漫无目标者是随便走走，一会儿参观岱庙，一会儿选几个美景摄影留念，东游西逛，还没有走到中天门天就黑了。相反，争气的人会把目标确定为尽快到达玉皇顶，会像参加登山比赛一样，中途无心四处张望、逗留，热闹、美景全不去看，甚至帽子被风刮跑了也不肯花费时间去捡，当然会比较快地到达极顶。

从实践看，往往是奋斗目标越鲜明、越具体，就越有益于成功。正如作家高尔基所说："一个人追求的目标越高，他的才能就发展得越快，对社会就越有益。"

品悟人生

目标是争气的人未来生活的蓝图，又是争气的人精神生活的支柱。他们了解自己究竟该往何处，以及如何才能到达该处。

认清目标，才能走出不景气

有人曾经说过："即使是最弱小的生命，一旦把全部精力集中到某一具体的目标上，也会有所成就，而最强大的生命如果把精力分散开来，最后也将一无所成。水珠不断地滴下来，可以把最坚固的岩石滴穿；湍急的河流一路滔滔地流淌过去，身后却没有什么痕迹。

你有目的或目标吗？争气的人一定要有个目标，而且重要的是他们有着非常明确的目标。争气的人认为如果没有明确的目的地，就永远无法到达成功的彼岸。假如一个人没有目标，就像一艘轮船没有舵一样，只能随波逐流，无法掌握，最终搁浅在绝望、失败、消沉的海滩上。争气的人能确实地、精细地、明确地树立起目标，然后爆发出体内所潜藏的巨大能力。

法国著名的自然学家费伯勒，用一些毛虫的小动物做了一次不同寻常的实验。这些毛虫喜欢盲目地追随着前边的一个，费伯勒很仔细地将它们在一个花盆外的框架上排成一圈，这样，领头的毛虫实际上就碰到了最后一只毛虫，完全形成了一个圆圈。在花盆中间，他放上松蜡，这是这种毛虫爱吃的食物。但这些毛虫尽管围绕着花盆转圈，它们转了一圈又一圈，一小时又一小时，一天又一天，一晚又一晚，整整七天七夜。最后，它们全都因饥饿劳累而死。一大堆食物就在离它们不到6英寸远的地方，它们却一个个地饿死了。原因无它，只是因为它们按照以往习惯的方式去盲目地行动。

许多人都犯了同样的错误，对生活提供的巨大的财富，只能收获到一点点。尽管未知的财富就近在眼前，他们却得之甚少，因为他们不清楚自己目标到底是什么，只是盲目地、毫不怀疑地跟着“圆圈”里的人群无目的地走着。

起跳未来要站在目标铸造的强跳板上。对于目标，争气的人做的是，不心存幻想，在别人为目标摇旗呐喊，大声鼓噪之时，不随波逐流地随声附和，而是用一块块能独立自己的小石头，垒积成成功的基石，站在生活的弹跳板上，向自己的目标一步步地逼进。

主人公是成长在旧金山贫民窟的小男孩，小时因为营养不良而患上了软骨病，6岁时，双腿因病变成弓字形，小腿进一步萎缩。但是他从小就有一个梦想，就是将来要成为一个最最伟大的美式橄榄球的全能球员，这就是他所谓的“目标”。他是传奇人物吉姆·布朗的球迷，每逢吉姆所属的客利福布朗士队和旧金山四九人队在旧金山举行比赛时，小男孩都不介意双腿的不便，一拐一拐地走到球场去为吉姆加油。他太穷了，根本买不起门票，只好等到比赛快要结束时，乘工作人员推开大门之际混进去，观赏最后几分钟。在他13岁时，他在布朗士队与四九人队比赛之后，终于在一家冰激绫店与心中的偶像碰面，这是他多年的愿望。他勇敢地走到布朗面前，大声说：“布朗先生，我是你的忠实地球迷！”吉姆·布朗说：“谢谢你！”小男孩又说：“布朗先生，你想知道一件事吗？”布朗转身问：“小朋友，请问何事？”小男孩骄傲地说：“我记下了你的每一项记录，每一次运动。”吉姆·布朗快乐地微笑着说：“真不错。”小男孩挺直了胸膛，双眼放光，自信地说：“布朗先生，终有一天我会打破你的每一项纪录。”听完此话，吉姆·布朗微笑地对他说：“孩子，你叫什么名字，好大的口气！”小男孩十分得意地笑着说：“先生，我叫澳仑索！澳仑索·辛普生。”澳仑索·辛普生在以后正如他少年时所讲，他打破了吉姆·布朗一切的纪录，同时又创下了一些新的纪录。

人生需要存志高远。一种明确性的方向感总会让人有满足和兴奋的快感，但要想把事情做好，把目标实现，还得要从小事上做起，所有的重大成就都是小成就累积而成的。为了实现大目标，就必须有设定目标的习惯。

争气的人一旦认清自己的目标，就会一心一意地从小目标上做起，摈弃那些大大小小的坏习惯，一点一滴地从小事情上开始，追求在自己领域里的卓越成就。

争气的人如果全身心地追求某一目标，很少有不成功的。争气的人之所以能成功，就在于他们能够坚定不移地认准某个目标，从小事上做起，并为之全力以赴，矢志不移。

我们的人生不能没有目标，没有目标的人生就像没头的苍蝇。给自己树立目标，竭尽全力向着目标前进，成功人士之所以能成功，是因为他们能够做到这一点，一个人的目标越大，取得的成绩往往就越大。给自己树立一个大目标后，还要树立一些小目标，当小目标一个个达到后，大目标就会达到。任何人都想不断地提升自己，从而达到更高的成功程度。要想把模糊的梦想转化成成功的事实，最好的方法之一就是认清自己的目标，跟着自己的目标前行，这种习惯至关重要。

品悟人生

目标每个人都会有，争气的人不同的是，他们非常清楚自己的目标，心中明确地知道下一步该做什么，这样目标便轻而易举地实现了。

争气的人会明确定位自己的人生

生命的价值不在于它的长短，而在于是否能摆正自己的位置，实现自我价值。

争气的人的一生都在追求一种价值。他们想要知道什么是珍贵，什么是微不足道。可是，有些人却没有考虑过，自身的价值何在？热门话题，流行时尚，理想职业，最新潮流……在社会的喧嚣中，在别人的影响下，有些人迷失了自我，看不清自己真正的价值，总是按照别人的看法设计，可是，你应该牢记：要做一个争气的人，就应该将自己把握自己的人生，不能让自己“生活在别处”。

在美国的一个小酒吧里，一位年轻小伙子正在用心地弹奏钢琴。说实话，他弹得相当不错，每天晚上都有不少人慕名而来，认真倾听他的弹奏。一天晚上，一位中年顾客听了几首曲子后，对那个小伙子说：“我每天来听你弹奏都是这些曲子，你不如唱首歌给我们听吧。”这位顾客的提议获得了不少人的赞同，大家纷纷要求小伙子唱歌。

然而，那个小伙子面对大家的请求却变得腼腆起来，他抱歉地对大家说：“非常对不起，我从小就开始学习弹奏乐器，从来没有学习过唱歌。我长年累月地坐在这里弹琴，恐怕会唱得很难听。”那位中年顾客却鼓励他说：“小伙子，正因为你从来没有唱过歌，或许连你自己都不知道你是个歌唱天才呢！”此时酒吧的经理也出来鼓励他，免得他扫了大家的兴。

小伙子认为大家想看他出丑，于是坚持说只会弹琴，不会唱歌。酒吧老板说：“你要么选择唱歌，要么另谋出路。”小伙子被逼无奈，只好红着脸唱了一曲《蒙娜丽莎》。哪知道他不唱则已，一唱惊人，大家都被他那流畅自然、男人味十足的唱腔迷住了。在大家的鼓励下，那个小伙子放弃了弹奏乐器的艺人生涯，开始向流行歌坛进军。这个小伙子后来居然成为了美国著名的爵士歌王，他就是著名的歌手纳京高。要不是那被逼无奈地开口一唱，纳京高可能永远坐在酒吧里做一个三流的演奏者。

“人摆错了位置就永远是庸才。”其实很多时候是自己把自己当成了垃圾随地乱扔，荒废了自己的才能。身处市场经济的时代，市场经济的运作十分强调把资源配置到最能发挥效率的地方，人们应该认识到，人自身也是一种资源，应该寻找最适合自己的岗位，并对自己的兴趣保持一份坚定与执著。

的确，如果你自己都不把自己当回事，就别指望别人的器重。争气的人把生命的价值首先取决于自己的态度。珍惜独一无二的自己，珍惜这短暂的几十年光阴，然后再去不断拓展自己，这样争气的人的价值就会很自然地体现出来了。

印象派大师梵高的画，许多人看过后都留下深刻的印象，他那黄色炽热的色彩和充满动感的线条，给予我们强烈的感受。梵高的一生有着坎坷的境遇，他26岁才正式开始学画，他在给弟弟的信中说，我学习绘画很晚，而且我的生命很可能也只剩下十年的时间了，因此要加紧创作。果然，他在36岁就过世了，但是仅仅十年间他却留给我们许多不朽的作品。在艺术上的成就，他开创了一个新的时代。

争气的人从不怕别人的鄙夷，而是怕自己找不到自己的方向。谁说你不能取得非凡的成就？除非你自己！没有人能够给你的人生下任何的定义。争气的人告诉我们，你选择怎样的人生平台，将决定你拥有怎样的人生。一个人，要获得更大的发展，就要不断地为自己寻找更大、更高的平台！好的思路决定好的出路，要敢于给自己人生一个高起点的定位。

品悟人生

在这个世界上，每个人都有属于自己的位置，争气的人的聪明之处就是很快的找出了自己的人生位置，给自己的人生进行准确的定位。

野心和欲望是争气的一部分

争气的人不是生下来就是成功的人，他们一开始也不强大，没有成功，没有地位，没有财富，但是无关紧要，争气的人只要有野心，有把野心贯彻到底的智慧、毅力和勤奋，那么他们站在金字塔的塔顶的时刻就指日可待了。

巴拉昂是一位年轻的媒体大亨，推销装饰肖像画起家，在不到10年的时间里，迅速跻身于法国五十大富翁之列，1998年因前列腺癌在法国博比尼亚医院去世。临终前，他留下遗嘱，把他4.6亿法郎的股份捐献给博比尼亚医院，用于前列腺癌的研究，另把100万法郎作为奖金，奖给揭开穷弱之谜的人。

巴拉昂去世后，法国《科西嘉人报》刊登了他的一份遗嘱。他说，我曾是一个穷人，去世时却是以一个富人的身份走进天堂的。在跨入天堂的门槛之前，我不想把我成为富人的秘诀带走，现在秘诀就锁在法兰西中央银行我的一个私人保险箱内，保险箱的三把钥匙在我的律师和两位代理人手中。谁若能通过回答穷弱的人最缺少的是什么而猜中我的秘诀，他将能得到我的奖金。当然，那时我已无法从墓穴中伸出双手为他的睿智而欢呼，但是他可以从那只保险箱里荣幸地拿走100万法郎，那就是我给予他的掌声。

遗嘱刊出之后，《科西嘉人报》收到大量的信件，有的骂巴拉昂疯了，有的说《科西嘉人报》为提升发行量在炒作，但是更多的人还是寄来了自己的答案。

绝大部分人认为，穷弱的人最缺少的是金钱，穷人还能缺少什么？当然是钱了，有了钱，就不再是穷人了。还有一部分人认为，穷弱的人最缺少的是机会。一些人之所以穷弱，就是因为没遇到好时机，股票疯涨前没有买进，股票疯涨后没有抛出，总之，穷弱的人都穷弱在背时上。另一部分人认为，穷弱的人最缺少的是技能。现在能迅速致富的都是有一技之长的人。还有的人认为，穷弱的人最缺少的是帮助和关爱。另外，还有一些其他的答案，比如：穷弱的人最缺少的是漂亮，是皮尔·卡丹外套，是《科西嘉人报》，是总统的职位，是沙托鲁城生产的铜夜壶等等，总之，五花八门，应有尽有。

巴拉昂逝世周年纪念日，律师和代理人按巴拉昂生前的交代在公证部门的监视下打开了那只保险箱，在48561封来信中，有一位叫蒂勒的小姑娘猜对了巴拉昂的秘诀。蒂勒和巴拉昂都认为穷弱的人最缺少的是野心，即成为富强的野心。

在颁奖之时，《科西嘉人报》带着所有人的好奇，问年仅9岁的蒂勒，为什么想到是野心，而不是其他的。蒂勒说："每次，我姐姐把她11岁的男朋友带回家时，总是警告我说不要有野心！不要有野心！我想也许野心可以让人得到自己想得到的东西。"

巴拉昂的谜底和蒂勒的回答见报后，引起不小的震动，这种震动甚至超出法国，波及英美。一些好莱坞的新贵和其他行业几位年轻的富翁就此话题接受电台的采访时，都毫不掩饰地承认：野心是永恒的特效药，是所有奇迹的萌发点；某些人之所以穷弱，大多是因为他们有一种无可救药的弱点，即缺乏野心。

每个人的人生都像一个金字塔，只有往上攀登，才可能享受最大的自由和空间。但是大多数人都庸庸碌碌，在老地方徘徊终其一生；一小部分人按部就班、辛辛苦苦地在从E层爬到D层C层；只有少数的争气的人，能很迅速地攀到A层，跻身成功者之列，享受无限风光在顶峰的潇洒。

强大的野心和强烈的欲望可以使人施展全部的力量，尽力而为即是自我超越，这时，他就会成为一个争气的人。当你有足够强烈的欲望去改变自己命运的时候，所有的困难、挫折、阻挠都会为你让路。欲望有多大，就能克服多大的困难，就能战胜多大的阻挠。这样，你难道不会成为一个争气的人吗？

很多人真正缺少的是成为争气的人的野心！野心，成功者的无价之宝。我们为什么如此胆小呢？放手一搏，说不定明天就是艳阳天！只要在我们踏实勤奋的努力和智慧基础上，再稍稍多一点野心，成功就会在我们眼前……

品悟人生

不想当将军的士兵不是好士兵，野心和欲望可以促使人不断进步，是不停进取的动力。在争气的人的心中，心有多大，舞台就有多大。

不景气时要尽早规划自己的人生

我们都知道，国家常常要制定“五年计划”“十年规划”等不同阶段的发展计划，来促进国家的发展，同样的道理，对于争气的人来说，不断制订、调整有利于个人发展的人生计划也是十分必要的。

所谓的“人生规划”，就是把未来想做什么、如何做，在多少岁时做些什么事情做成计划，然后按照这些计划去努力，可以把它分为“事业规划”和“生活规划”两部分。比如说，事业规划可以包括：想从事什么样的行业，希望自己多少岁前做到什么样的程度等；生活规划可以包括：几岁结婚、生子，自己要培养哪方面的兴趣、特长，是否再进修等诸多项目。方向定了，就朝着这个方向前进，并充实必要的条件。

人生规划，能够让争气的人找到一生的指针和目标，因此争气的人很早就计划好了。有时候，争气的人也会遇到一些无法料想的事情，所以争气的人的规划还必须适应主客观的情势，适当灵活地做出某种调整，避免全盘推翻，因为这会浪费过去的努力，也不能适应现实的发展。

最重要的一点是争气的人有了规划，就会彻底执行，并且有面对问题和挑战的勇气，不会因循苟且，使规划大打折扣。

争气的人不会认为未来是个未知数，虽然一切随缘这种说法也有道理，不过“随缘”说起来容易，但是真的要达到这种境界却很难，因此面对不可知的未来，争气的人做到的是要能坦然面对。这就像在森林中迷路一样，不知走向哪里才好，因此争气的人事前就做好了人生规划。虽然有时规划会因条件的变化而有所变化，但总比茫茫然不知何去何从，心里来得踏实。

规划人生能够帮助人把握前进的航向，找准自己的定位，实现人生的目标。在规划的过程中，人还可以更充分认识到自己的优势和不足，并自觉加以调整，争取达到生命的最佳状态。

心理学家们认为：“一个人的一生，总有大大小小的期望。期望是一个人的精神支柱。如果一个人没有了任何追求，他就很难愉快地生活下去。”这话绝对是真理。我们可以仔细地想一下争气的人，争气的人每天是不是都有自己的追求，有着新的想法？是的，争气的人的一生充满了各种不同的追求，小到完成一篇文章、攒钱买一台电脑、拿下自学考试文凭，大到成立自己的公司等等，一个目标实现了，新的目标又出来了。如此循环往复，终其一生。

对争气的人来说，在设立自己的目标时，一般可分短期目标、中期目标和长期目标。可以根据在工作的不同阶段，通过对形势发展进行的分析，确定下一步的目标。将计划进程的详细步骤列出来，可帮助自己有效地应付工作或环境等条件变化可能带来的不利影响。同自己的同事、朋友、上司和家人共同探讨、努力，争取实现每一阶段的目标，或者改进计划，使之更加切实可行。订立了目标之后，不管目标是什么，都必须有务必实现的决心，才能称之为“目标”，如果目标只是停留在纸上，那就失去了它应有的意义。所以，我们要像争气的人学习，我们在订立了明确的目标之后，就要尽快地达成，这是最重要的先决条件。

当然，规划未来并不能保证将来摆在面前的一切困难和问题都得到解决或变得容易，也没有可以套用的现成公式。但是它有利于你及早发现和较好解决新难题，比如你是否需要通过培训来增加某方面的知识，是否考虑调换一下工作岗位或职业等问题。

规划未来有助于提高你解决问题和调整心理的能力。当你想成就一项事业时，它会告诉你在每一步该干些什么、怎么干，有哪些问题需要注意。虽然规划无法预见将来事情能发展到什么程度，也不能预见每一个人的命运，但是，按照对未来的规划有条不紊地循序渐进是最重要的，它会让我们有条不紊，少走弯路。只有这样，你才能达到在工作中不断发展自己的目的，才能让自己的人生理想不至于变成梦幻的气泡。

如何规划未来需要注意的问题很多，如果将目标定得太低，就无法充分发挥个人的潜力；如果目标定得太高，身单力薄无法实现。在规划未来时，我们必须衡量自己的能力，适当的高于自己能力可做到的程度，那才是好目标。

远大的目标总是与远大的理想紧密结合在一起，那些改变了历史面貌的争气的人们，无一不是确立了远大的目标，这样的目标激励着人们时刻都在为理想而奋斗，因此很多人成了名垂千古的伟人。

争气的人的人生就是一部作品，他们有生活理想和实现它们的计划，所以有好的情节和结尾，这也是争气的人的人生十分精彩和引人注目的关键所在。

品悟人生

争气的人总是未雨先绸缪，早早的计划好了一切，然后按部就班地去实行，所以我们看到争气的人的成功总来得从容不迫。

结果是由自己决定的

有人说："人生的意义在于结果，而不在于过程"；又有人说："人生的意义在于过程而不在于结果"。

先不说人生意义究竟是什么，但可以肯定地说，人生是由过程和结果这两部分组成的。凡事都有一个因果关系，那么可以说人生的过程是事物的"因"，而最终的生命状态则是"果"。

生命的大部分时间是由自己主宰的，世界上没有任何人可以代替你演绎你的人生。所以，自己有什么的"因"，到头来就有什么样的"果"。以后你将成为一个什么样的人都是由现在的自己决定的。

大千世界，人生百态，每个人都有一个惟一的存在结果，而这种结果的开始是由各自不同的人生追求开始的。就是所谓的人生目标。那些凡是能取得非凡成就的人，刚开始时就有一个明确的人生目标；而那些平庸者却是终日浑浑噩噩，其原因就是缺乏明确的人生目标。所以，目标对人生的结果是何等地重要。

宾尼曾经说过："一个心中有目标的人，会成为创造世界的人；而一个心中没有目标的人，只能是一个平凡的人。"最后是成为创造世界的人还是要成为平凡的人，是由自己心中是否有目标决定的，而心中是否有目标是由自己决定的。所以说，人生的结果是由自己决定的。

有这样一则寓言：唐太宗贞观年间，长安城西一家磨坊里有一匹马和一头驴子，它们是好朋友，马在外面拉东西，驴子在屋里推磨。贞观三年，这匹马被玄奘大师选中出发经西域前往印度取经。

17年后这匹马驮着佛经回到长安，它到磨坊会见驴子朋友。老马谈起这次旅途的经历：浩瀚无边的沙漠，高入云霄的山岭，凌峰的冰雪，热海的波澜……那些神话般的境界使驴子听了极为惊异。驴子叹道："你有这么丰富的见闻啊！那么遥远的道路，我连想都不敢想。"

老马说："其实，我们走过的距离大体相等。当我向西域前行的时候你一步也没停止，不同的是我同玄奘大师有一个遥远的目标，按照始终如一的方向前进，所以我们打开一个广阔的世界。而你被蒙住眼睛，一生围着磨盘打转，所以永远走不出这个狭隘的天地。"

有了坚定的目标后，是否愿意将目标付诸行动也是由自身决定的，而这一点也恰恰决定了一个人将来的生存状况。

在现实生活中，能坚信自己目标的人真是少之又少，大多数人不是将自己的目标舍弃，就是沦为一处缺乏行动的空想。这样只会在自己窄小的世界里沉沦。

一次作文课上，题目是长大后的志愿。有一个小男孩画了一座属于自己的牧马农场，上面标有马厩、跑道等位置，然后在这一大片农场中央，还要建造一栋占地40平方英尺的巨宅。

他花了好大心血把报告完成。两天后他拿回了，第一面上打了一个又红又大的叉，他下课后带了报告去找老师："为什么给我不及格？"

老师回答道："你不要做白日梦。你没钱，没有家庭背景，你有什么资本写出这些。"他接着说："如果你肯重写一个比较不离谱的志愿，我会重打你的分数。"

男孩回家后征求父亲的意见。父亲告诉他："儿子，这是非常重要的决定，你必须自己拿主意。"再三考虑几天后，男孩决定原稿交回。

二十多年后，这位老师领他的三十个学生来到那个曾被他指责的男孩的农场露营一星期。离开之前，他对如今已是农场主的男人说："这些年来，我也对不少学生说过相同的话。幸亏你有这个毅力坚持自己的目标。"

每个人在世上都只有活一次的机会，没有任何人能够代替自己重新活一次。这惟一的一次是由自己决定的，只有自己可以主宰自己的命运，认识到这一点，自己对自己的人生怎么能不产生强烈的责任感呢？

在某种意义上，人世间各种其他的责任都是可以分担或转让的，惟有对自己的人生责任。人生如朝露。我们都是或早或晚地来到这个世界，经过匆匆的旅程之后，都要走到相同的地方去，而这段旅程就是人生的全部，从这一点上说，人都是平等的。这种说法并不是消极地看待人生，而且只有弄明白了这一点，才能够更好地对待自己的人生、珍爱自己的生命。每一个人活得都不简单，无论地位是卑微还是高贵，都是由自己决定的。换句话说也就是对自己的人生负责。你将演绎什么样的人生是由自己决定的。

品悟人生

一个人生活在世上，必须知道自己究竟在想什么，一个人只有认清了他在这世界上要做的事情，并且在认真地做着这些事情，才会获得一种内在的平静和充实。

走一条有自己特色的道路

也许上帝创造万物这时，就已注定了各自有各目的命运。因而，有了花儿定要绽开笑脸斗芳菲；有了飞蛾扑火自取灭亡的壮举；有了人类为生活而不断操劳的一生。强者说我们既不是花儿，也不是飞蛾，我们是自己，所以，强者要走自己的路，过自己的生活。

一个人要想有所成就，就不能墨守成规，甘于吃别人嚼过的馍，不能对于家长、专家、权威们唯唯诺诺、亦步亦趋，而必须勇于跨越“雷池”，走出属于自己的新路。

黛比从小就非常渴望得到父母的赞扬和鼓励，但由于兄妹很多，父母根本顾不上她。这种经历使她长大以后依然缺少自信心。尽管她嫁给了一个非常成功的丈夫，但美满的婚姻并没有改变她缺乏自信心的状态。

直到有一天，她突然意识到必须选择一条属于自己的新路，否则就会庸碌无为地度过一生。她对自己的父母和丈夫说："我准备去开一家食品店，因为你们总是说我的烹调手艺有多么了不起。"

她的父母和丈夫都告诉她说："这真是一个荒唐的主意。你肯定要失败的，这事太难了。快别胡思乱想了！"但这一次，黛比没有听从他们的劝阻，而是毅然采取了实际行动。

生意刚开始的时候的确很艰难，食品店开张的那一天，竟然没有一个顾客光临。黛比几乎被冷酷的现实击垮了。看起来自己似乎必败无疑，她几乎相信父母和丈夫的看法是对的。

不过，黛比终于没有退缩。她决定坚持下去，并一反平时羞涩的窘态，端起一盘刚刚烘制好的食品到她居住的街区，请每一位过往的人品尝。这样做的结果使她越来越自信，因为所有品尝过她的食品的人都认为味道非常好。

今天，"黛比·菲尔茨"的名字已经出现在美国数以万计的食品商店的货架上，她的公司"菲尔茨太太原味食品公司"，也已经成长为美国食品行业中最成功的连锁企业。

当然，你决定走新路的时候，一定会面对各种各样的困难。有时候，连你最亲近的家人和朋友也会联合起来给你泼冷水，反对你。你必须勇敢地坚持己见，只要你能用自己的实际行动取得成功，证明自己是正确的，反对声自然就会烟消云散了。

著名作家王尔德说："只有缺乏想象的人，做事才会一成不变。"所以你不要墨守成规，总是过着单调、乏味而且与成功无缘的日子。你可以尝试着从一点一滴改变自己，不要在6点5分起床，而要在5点6分起床；开车上班时，找一条新路；周末不再加班，陪妻子、孩子一起去公园散步……

放眼看去，每个强者都有不同的精彩人生，没有一个成功是复制出来。如果我们要想成为成功的人，就必须走出一条属于自己的道路。

品悟人生

国家和社会的发展需要走特色的道路，个人也是，只有走一条适合自己的道路，才能更好地发展，也只有这条路才是通向成功的那条路。

为了自己的目标而努力

有人说，人的一生有三天：今天、昨天和明天。是的，人的一生并不漫长，是否过得充实、有意义，都掌握在我们的一念之间。而在这短短几十年的光景中，每个人都应该有自己的目标，关于人生、事业、学业等等。树立了目标才能让自己精神百倍地去努力，因为梦想在前方招手，我们要不顾一切地跑上去。

目标，或许是成功之路的第一步，也是最重要的一个交点。有了目标，才有了努力的“路径”；有了“路径”，才能去顽强地拼搏；有了拼搏才会有结果。这就是目标“凝聚”成奋斗的最主要的原因。我们应当尽自己的所能去选择目标，制订计划，从容地去面对目标，这样才能有所进步。

《塔木德》上说：“一位百发百中的神箭手，如果他漫无目标地乱射，也不能射中一只野兔。”成功的犹太人非常重视明确奋斗目标的重要性。

每天都给自己树立目标，然后每天都按一个进度去完成，分分秒秒都是充实而多彩的。犹太人要求孩子在很小的时候就树立自己的人生目标，并坚定要为这个目标不断地努力学习，锻炼和提高自己的能力。

晓·海夫纳出生在一个犹太家庭。他的父亲格连当时在美国芝加哥一间铝制品公司当会计，家庭收入不多，生活较为清贫。海夫纳读完中学后就不再读书了，当时正是第二次世界大战激烈之时，他应征参军了。

1949年，海夫纳在芝加哥一家漫画公司谋得一职，每周工资45美元。由于收入微薄，他仍住在父母家里，甚至结婚后一段时间也如此。但早已确立了奋斗目标的海夫纳在漫画公司工作了几个月后，经过四处寻访，终于找到一家叫《老爷》的杂志聘用他，每周工资60美元。

海夫纳到该公司工作目的是“醉翁之意不在酒”，每周多15美元对他的生活无济于事，他志在向该公司学习经营手法并熟悉市场。因为《老爷》杂志是美国早年最畅销的书，读者主要是男性，以女性裸照为主要内容。海夫纳从读大学时，就一直是该杂志的读者，他早就希望有朝一日进入该杂志社工作。

1951年，海夫纳已对《老爷》杂志的运作了如指掌，他要求增加工资却被老板拒绝，于是决定离开该杂志社自己创业。他决心办一种类似《老爷》的杂志，要与《老爷》争个高低。尽管有凌云壮志，无奈却毫无资本，这使他苦不堪言。加上妻子生下一女，生活负担又加重了，他创业的设想搁置起来了。为了生活，他不得不又到一家儿童杂志社做发行工作，此时的周薪为100美元，生活稍为得到些许改善。但他却没有放弃自己的打算，他一面工作，一面策划自己的刊物。

海夫纳从父亲那里借得几百美元，另外从银行贷得400美元，凑起来刚好1000美元，他决心以这点钱作为自己创办杂志的本钱，办一本名叫《每月女郎》的月刊。由于他吸取了《老爷》的经营之道，加上自己的改进，第一期发行即打响，共销售5万多本，获得了空前的成功。15个月后，每期销量直线上升，达到30万份，海夫纳开始发迹了。

当海夫纳正要出版第二期的《每月女郎》时，他突然接到《老爷》杂志律师的信，警告他的杂志鱼目混珠，扬言如不将《每月女郎》改名，则要起诉他。海夫纳反复思考后，认为“小不忍则乱大谋”，刊名无所谓，关键是内容吸引读者。于是他低头从命，把其杂志改名为《花花公子》。结果，改名后的杂志更畅销。

晓·海夫纳向着自己的目标毅然决然地进发，凭借自己的努力和细心朝着目标前行最终获得了成功。

事实上，这也是成功之人的一种普遍的特性，即从青少年开始，他们就树立人生的奋斗目标，以后千方百计为达到目标而努力。

品悟人生

在人生中，一定要选找适合自己的目标，要为了实现这个目标不懈努力；即使遇到挫折，也要善于变通和克服。

第七章

持之以恒，别因为眼前的挫折而泄气

人生总要面临各种挑战、经历各种挫折与失败，千万不要在这些困境面前浑身发抖。争气的人会把这些困境变为成功的有力跳板，他们明白，只要“挤”过夹缝，就能进入属于自己的“桃花源”。

路是由坚持铺出来的

当我们订定一项计划时，贵在坚持到底；见异思迁、朝秦暮楚，只能让你走向失败。

在我们建立一项工作目标，或是制订下一份年度计划时，总会认为并不难，但在执行的过程中，必然会不断受到阻力或遭受打击，这时我们应该怎么办呢？是坚持继续？还是就此放弃呢？答案只有一个，坚持，因为坚持才不会半途而废，才有可能成功。

生活中，我们会发现有不少人在订订计划之初，都是信誓旦旦，抱着“不达目标绝不终止”的念头，但是在其过程中，一旦遇到一点困难，便不再愿意前行，当初坚定不移的志向，早已抛至脑后，甚至开始选择逃避了。还有的会修改计划，甚至就打退堂鼓。这种抱持着“不成功便放弃”观念的人，由于缺乏恒心，始终都不会成功。而不成功的道理只有一个，那就是不能坚持到底。

不可否认，在不断拼搏的道路上，每个人难免都会遭遇困境。在漫长的困境中，也往往会产生恐慌和绝望，这时很多人往往失去坚持下去的勇气。而有的面对困境却主张再坚持一下。成功者与失败者差别就在这方面，坚持你就成功，放弃你就失败，就是这么简单。可以说逆境是人成长中所必须经历的，犹如一年四季中少不了寒冬和酷暑，因为不经过漫漫寒冬和酷暑，万物就很难迎来生命的春华和秋实。困境是人生必不可少的经历。缩短它，等于一年中少了寒冬和酷暑。困境更是检验一个人耐力的试金石，不仅铸就人的才能，更能使人看到事物的本质。争气的人正是由于敢于驾驭困境，才被称为是坚强的人。而急于解脱或妥协、投降是弱者的表现，他们收获的只能是青涩的果实，他们面对的只会是失败，他们永远不会成功，即使成功也是暂时的，不会长久。

在一片茫茫的大戈壁滩上，有两个探险者被困在了那里，因长时间缺水，他们的嘴唇裂开了一道道的血口，如果再这样走下去，面对他们两个的只有死！这时，一个年长一些的探险者从同伴手中拿过空水壶，郑重地说："我去找水，你在这里等着我吧！"接着，他又从行囊中拿出一只手枪递给同伴说："这里有6颗子弹，每隔一个时辰你就放一枪，这样当我找到水后就不会迷失方向，就可以循着枪声找到你。一定要记住啊！"

看着同伴点了点头，他才信心十足地蹒跚离去……

等待的时间漫长而难熬，这时枪膛里仅仅剩下最后一颗子弹，可找水的同伴还没有回来。"他一定被风沙湮没了或者找到水后撇下我一个人走了。"年纪小一些的探险者数着分秒，焦灼地等待着。饥渴和恐惧伴随着绝望如潮水般地充盈了他的脑海，他仿佛嗅到了死亡的味道，感到死神正面目狰狞地向他紧逼过来……他扣动扳机，将最后一粒子弹射进了自己的脑袋，就这样结束了自己的短暂生命。

就在他的尸体轰然倒下的时候，同伴带着满满的两大壶水赶到了他的身边……

"行百里者，半于九十。"长路跋涉的最后几步往往是最为艰难，最让人不能忍受的。在恶劣的条件下，我们必须有撑下去的信心。因为转机往往就在最后的坚持中才会出现，就跟一个人爬山一样，越是接近顶峰，就越要坚持，不放弃你就会看到山底下的美丽风景，就体会到鸟瞰世界的成就感。同样在百步冲刺中，最后的几步也同样需要我们再一次坚持下去，这个时候，往往是最困难的，但唯有坚持以前努力才不会白费。所以遇到一切事情，尤其是在遇到困境时我们都必须要坚持、坚持、再坚持，有勇气，有耐力。

坚持，是世界上最容易做的事，同时又是最难做的事。说它容易，是因为只要你愿意去做，人人都能做到。说它难，是因为在这个过程中总会出现一些使你信心和毅力动摇的事情，这个过程需要你坚持。

人生道路上，没有跨不过的通天河，没有过不去的火焰山，也没有熬不过的坎坷人生。生活中总会有困境，但它不会永远都是困境，只要我们充满信心，坚持下去，一切艰难困苦都会在我们面前退缩。“前途是光明的，道路是曲折的，”这是社会发展的必然规律。

品悟人生

人的意志决定你成功与否，只有坚持才能在实践中成长，才能在实践中磨炼自我，从而更加完善自我，所以凡事只要目标正确，就一定要坚持，而且要坚持到底。

放弃，意味着没有机会

不管做什么事，只要放弃了，就没有成功的机会。不放弃就会一直拥有成功的希望。如果你有99％想要成功的欲望，却有1％想要放弃的念头，那么是没有办法成功的。

青年农民达比卖掉自己的全部家产，来到科罗拉多州追寻黄金梦。他围了一块地，用十字镐和铁锹进行挖掘。经过几十天的辛勤工作，达比终于看到了闪闪发光的金矿石。继续开采必须有机器，他只好悄悄地把金矿掩埋好，暗中回家凑钱买机器。

当他费尽千辛万苦弄来了机器，继续进行挖掘时，不久就遇到了一堆普通的石头，达比认为：金矿枯竭了，原来所做的一切将一钱不值。他难以维持每天的开支，更承受不住越来越重的精神压力，只好把机器当废铁卖给了收废品的人，“卷着铺盖”回了家。

收废品的人请来一位矿业工程师对现场进行勘察，得出的结论是：目前遇到的是“假脉”。如果再挖三尺，就可能遇到金矿。收废品的人按照工程师的指点，在达比的基础上不断地往下挖。正如工程师所言，他遇到了丰富的金矿脉，获得了数百万美元的利润。

达比从报纸上知道这个消息，气得顿足捶胸，追悔莫及。

也许，你离成功只有一步之遥，只要你再坚持一下，你就可以扣开成功的大门，但如果此时停住前进的脚步，就意味着你与成功失之交臂了。

日本的名人市村清池，在青年时代担任富国人寿熊本分公司的推销员，每天到处奔波拜访，可是连一张合约都没签成，因为保险在当时是很不受欢迎的一种行业。

在68天之间，他没有领到薪水，只有少数的车马费，就算他想节约一点过日子，仍连最基本的生活费都没有。到了最后，已经心灰意冷的市村清池就同太太商量准备连夜赶回东京，不再继续拉保险了。此时他的妻子却含泪对他说：“一个星期，只要再努力一个星期看看，如果真不行的话……”

第二天，他又重新鼓起勇气到某位校长家拜访，这次终于成功了。后来他曾描述当时的情形说：“我在按铃的时候之所以提不起勇气的原因是，已经来过七八次了，对方觉得很不耐烦，这次再打扰人家一定没有好脸色看。哪知道对方这个时候已准备投保了，可以说只差一张契约还没签而已。假如在那一刻我就这样过门不入，我想那张契约也就签不到了。”

在签了那张契约之后，又有不少契约接踵而来，而且投保的人也和以前完全不相同，都是主动表示愿意投保。许多人的自愿投保给他带来无比的勇气。在一个月内他的业绩就一跃而成为富国人寿的佼佼者。

在历史的长河与现实的生活中，有很多为理想为事业奋斗的人，他们往往在离成功还有一步之遥却停止了脚步，面对失败与困难，他们气馁了、放弃了，功亏一篑，功败垂成，这是多么令人痛心与惋惜呀。美国大将军克林顿与法英联军交战，屡战屡攻，一次落荒逃到农舍里，惦巧看到了蜘蛛织网屡破屡织的经过，他大受启发，后来终于打败了劲敌。爱迪生发明电灯的时候，曾经实验过上千种灯丝材料，最后才找到了钨丝而成功。试想要经历这成百上千的失败，又要有多么坚韧执著的精神意志啊。

品悟人生

成功本身并不难，难的是成功之前面对失败的精神品质。人生是一场搏斗，敢于搏斗的人，才可能是命运的主人。在山穷水尽的绝境里，再搏一下，也许就能看到柳暗花明；在冰天雪地的严寒中，再搏一下，一定会迎来温暖的春风。

耐心会让你在下一站成功

逆境会让我们焦虑不堪，让我们神经紧张，让我们悲观失望。但是有的时候，逆境能够让我们冷静下来，重新考虑自己所处的位置，思考自己面临的问题，也许就在这个时候，事情就有了转机，你就走上了通往成功之路的一条捷径。

约翰在威斯康星州经营一座农场，当他因为中风而瘫痪时，就是靠着这座农场维持生活。

由于他的亲戚们都确信他已经是没有希望了，所以他们就把他搬到床上，并让他一直躺在那里。虽然约翰的身体不能动，但是他还是不时地在动脑筋。忽然间，有一个念头闪过他的脑海，而这个念头注定了要补偿他的不幸的缺憾。

他把他的亲戚全都召集过来。并要他们在他的农场里种植谷物。这些谷物将用作一群猪的饲料，而这群猪将会被屠宰，并且用来制作香肠。

数年间，约翰的香肠就被陈列在全国各商店出售，结果约翰和他的亲戚们都成了拥有巨额财富的富翁。

出现这样美好结果的原因，就在于约翰的不幸迫使他运用从来没有真正运用过的一项资源：思想。他定下了一个明确目标，并且制定了达到此目标的计划，他和他的亲戚们组成智囊团，并且以应有的信心，共同实现了这个计划。别忘了，这个计划是因为约翰中风之后才出现的。

当你遇到挫折时，切勿浪费时间去算你遭受了多少损失；相反地，你应该算算看你从挫折当中，可以得到多少收获和资产。你将会发现你所得到的，会比你所失去的要多得多。

当然，从某种意义上来说，时间对于保存一颗隐藏在挫折当中的等值利益种子，是非常冷酷无情的，而找寻隐藏在新挫折中的那颗种子的最佳时机，往往就是现在。你可以再检查一下过去的挫折，并找寻其中的种子。有的时候，人们会因为挫折感太过强烈，而无法马上着手去找这颗种子。但是，现在你已有了更高的智慧和更多的经验，足以使你轻易地从任何挫折中学习它能教给你的东西。

有些时候，解决时间的残酷，只要你耐心等待一会儿。

有一个流传在日本的故事，说的是一个叫阿呆和一个叫阿土的人，他们都是老实巴交的渔民，却都梦想着成为大富翁。有一天晚上，阿呆做了一个奇怪的梦，梦见在对面的岛上有一座寺，寺里种着49棵株模，其中的一棵开着鲜艳的红花，花下埋藏着一坛闪闪的黄金。阿呆便满心欢喜地驾船去了对岸的小岛。岛上果然有座寺，并种有49棵株模。此时已是秋天，阿呆便住了下来，等候春天的花开。肃杀的隆冬一过，株模花——盛放了，但清一色的淡黄。阿呆没有找到开红花的一株。寺里的僧人也告诉他从未见过哪棵株模开红花。阿呆便垂头丧气地驾船回到村庄。

后来，阿土知道了这件事。他也驾船去了那个岛，也找到了那座寺，又是秋天了，阿土没有回去，他住下来等待第二年的春天，株模花凌空怒放，寺里一片灿烂。奇迹就在这时发生了：果然有一棵株模盛开出美丽绝伦的红花。阿土成了村庄最富有的人。

这个奇异的传说，已在日本流传了近千年。今天的我们为阿呆感到遗憾：他与富翁的梦想只隔了一个冬天。他忘记了把梦带入第二个灿烂花开的春天，而那些足可令他一世激动的红花就在第二个春天盛开了！阿土无疑是个执著的人：他相信梦想，并且等待另一个春天！

品悟人生

其实等待既是一种痛苦，也是一种享受。没有痛苦的等待，是没有意义的；只有在痛苦中等待了所要等待的东西，这种等待才能升华为一种享受。

坚守自己，你就会获得阳光

对一个人来说，要想在自己的事业上获得成功，也许肉体上的折磨算不了什么，只有精神上的折磨才可能是最致命的。如果你有心开创自己的事业，你就一定要先在心里问一问自己，面对从肉体到精神上的折磨，你有没有那样一种宠辱不惊的“定力”与“精神力”。如果没有，那么一定要小心。

许多人尤其是刚刚参加工作的青年，往往会对自己选择的工作不满意，常常抱怨公司或单位的条件太差，埋没了自己的才华，整日感叹那里没有一个伯乐来赏识自己这匹“千里马”。因此，在做事上就形成了拖拖拉拉的习惯，工作上保持三分钟的热度，站在这个山头上总是看见那个山头高，总是在暗地里盘算着要去别的地方走一遭，换个新环境，舒畅舒畅。

如果一个人能在自己作出选择的那一刹那，就把自己的心踏实下来，那么就是坚持下来了，他也一定会在脚下的这块土地上掘出生命之水来，而不是挖一个坑换一个地方，到最后有被渴死的可能。有些时候，缺乏坚持的恒心、缺乏忍耐的精神，可能是因为小时候没有训练出这样的品质，没有这样的机会培养出这样的习惯！

美国著名心理学家瓦尔特·米歇尔曾在一群小学生身上做过一个有趣的实验。

他给每个孩子发一块软糖，然后告诉他们说他有事要离开一会儿。他希望孩子们都不要吃掉那块软糖，他允诺说："假如你们能将这些软糖留到我办完事情回来，我会再奖励给你们两块软糖。"然后他出去了。寂寞的孩子们守着那块诱人的软糖等啊等，终于有人熬不住了，吃掉了那块软糖。接着，又有人做了同样的事……20分钟后，米歇尔回来了。他履行诺言，奖励没有吃掉糖的孩子每人两块糖。多年以后，他发现，那些不能等待的孩子大多一事无成，而日后创出一番业绩的全都是当年那些愿意等待的孩子。

坚强的忍耐力对于每个人来说，都不是天生的，而是需要在生活中磨炼。忍耐力是非智力因素中的重要一项，有些人可能是由于社会环境的影响或者是作为独生子女的"中心"地位的副作用，在学校、家庭，养成了任性、冲动、无耐性的坏习惯，他们无克制力、意志薄弱，做事往往虎头蛇尾。这种习惯无论是对他们个人还是对社会都是不利的，都无法很好地适应现代经济发展的态势。

所以如果你想真正改变自己，真正让自己在工作上有突出的表现，那你就必须学会暂时的忍耐，忍耐环境对你的磨炼，对你的考验。既然选择了，就不要轻易放弃，否则你将永远一事无成。

加盟NBA6年，罗斯一直默默无闻，他先是效力于"烂队"掘金，后又转入"步行者"。在"步行者"的头两年，他的日子一点都不好过，他得不到教练布朗的赏识，时常被晾在替补席上。"记得曾有一个赛季，连续14场没让我上阵，而当时我身上根本没伤。"说起那段痛苦的经历，罗斯至今感到心寒，但他认为这让他学会了很多，尤其是让他学会了忍耐，使他更加明白什么是值得更加去珍惜的。

直到伯德到“步行者”执教，才给罗斯带来了转机。罗斯在密歇根大学打球时，伯德曾看过他打球，当时就觉得他很有打球的能力。所以伯德到“步行者”对罗斯说的第一句话就是：“我相信你有天赋，我会重用你。”伯德的话给了罗斯极大的信心，他勤学苦练，技巧很快地得到了提高，并很快被列入首发阵容，如今罗斯已成为“步行者”的中流砥柱。在一次总决赛的比赛中，罗斯更是表现不俗。在前五场总决赛中，他发挥正常，平均每场得分达到了 22 分。尤其是在第五场比赛中罗斯更是独领风骚，一人揽下了 32 分，成为“步行者”的得分王。“罗斯一直是我最欣赏的队员之一，”伯德赛后说，“他的成功归功于他的踏实和努力。”

不要急于表现自己不完善的能力，不要苦于找不到赏识自己的伯乐。如果你想让自己有一个灿烂的明天，那你就应该在工作中、学习中学会观察、学会磨炼，只有在这种考验中，你的能力才能得到提高，你的水平才能得到发挥。如果你已经对自己的业务有了一个全面的了解，你已经对它的运作有了十足的把握，那你离成功的日子也就不远了。

品悟人生

在你还不成熟的时候，在你感到自己的知识还比较欠缺的时候，你不妨把抱怨先收起来，努力积蓄自己的能量，等到机会到来的时候，你就能让自己在发挥才能的过程中闪出耀眼的光彩。

争气离不开坚持的力量

生活中有一个事实，那就是我们的欲望无限而时间有限。因此，我们应该思考的并不只是我们想从生活中得到什么，我们应该考虑的是为此付出的代价。这不能被看做消极因素，如果我们在生活中一切都得来容易，并认为成功不需要代价，我们就不会渴望成功。

柯立芝，美国第三十任总统曾经写过这样一段话：世界上任何事情都取代不了坚持力。天赋才能，一个天赋很高的人，终其一生都默默无闻，是再正常不过的事情了；天才也不能，淹没无闻的天才比比皆是；只靠教育也不能，这个世界上随处可见受过高等教育的庸才。只有坚持和决心才是无往而不胜的！

艾吉分析说："一个成功的人，无论是致力于获取财富，还是在某一领域里成为顶尖高手，和那些无法成功的人比起来，最根本的差别就在于，成功的人永不放弃，永不言败，他们永远都是能够坚持到最后的那一个。无论有多大的障碍和挫折来阻挠，他们都不会轻言放弃。他们很清楚自己的目标是什么，并且能够坚持达到为止。"

很多历史上获得成功的人都认为，坚持到底是他们获得成功的重要原因。想像一下，如果司马迁写《史记》没有坚持 15 年；司马光写《资治通鉴》没有坚持 19 年；达尔文写《物种起源》没有坚持 20 年；李时珍写《本草纲目》没有坚持 27 年；马克思写《资本论》没有坚持 40 年；歌德写《浮士德》没有坚持 60 年，他们能够成功吗？想像一下，如果要你发明一种新的产品，你愿意尝试多少次失败的试验？100 次？200 次？1000 次？还是 5000 次？

林肯一直梦想着要成为一个伟大的政治家。在他 32 岁那年，他破产了；35 岁那年，他青梅竹马的女朋友去世了；36 岁那年，他精神崩溃了。接下来的几年，他在竞选中连续失败。很多人都认为林肯应该放弃了，但是他却坚持了下来，结果走向了成功。

在我们的现实生活中，同样也有一些人凭借坚持不懈的精神而取得成功的人。对于坚持，梭罗有一句话："大多数人引领着一种沉默而绝望的生活，只是由于他们没有坚持的毅力才获得了这样的回报。"如果我们对这句话还持有异议的话，不妨看看我们过去的同学或者同事，他们曾经对自己设计过辉煌的未来，但又有多少人能实现他们的梦想？没有多少。随着他们人生道路的发展，恐怕他们早就忘了自己当年的梦想。他们喜欢平庸、喜欢得过且过、喜欢随大流，他们早就忘记了他们当年的豪言壮语。也许他们曾经为他们的梦想努力过，奋斗过，但他们最终都以失败告终。这是为什么呢？因为他们从来没有把他们心中的梦想放在第一位，他们也没有在遇到挫折时而勇于面对，他们没有把他们的梦想坚持下去，他们活在自己的生活中，但在他们内心深处的某一角落，却隐藏着他们所渴望做但难以实现的事。所以，我曾经对我的一位朋友说："在我们现在的生活中，我们千万不要过那种沉默而令人绝望的生活。我们要经常提醒自己，如果我失败了，我不会放弃努力。除非我迫不得已，我是不会放弃我的追求的，所以我有梦想。"

品悟人生

无论我们做什么事，只要我们有百折不挠的精神，我们就会成功，我们的成功，恰恰是告诉了我们坚持的价值。只要我们坚持，在没有路的时候，也能够踏出路径；在没有希望的地方也能够创造希望，所以无论如何，坚持就不会被困难打倒。

坚持下去，你就是一个有志气的人

世界上没有不通的路。条条道路通罗马，无论你往东走，还是往西行，只要坚持走下去，都可以达到目的。相信自己能够闯出成功，往往就能成功，成功的决心往往就是成功本身。

但是，很多人会问："走到悬崖绝壁怎么办？"其实，即使走到悬崖绝壁，也没有什么了不起。既然有崖，必定有谷，悬崖绝壁挡住了路，迂回一下总还是可以过去的。许多人干什么事，起初都能够付诸行动，但是，随着时间的推移，难度的增加以及气力的耗费，大多数人便从思想上开始产生松劲和畏难情绪，接着便停滞不前以至退避三舍，最后放弃了努力。

一个人想做出自己的事业，就要坚持下去，这样才能取得成功。人天生就有一种难以摆脱的惰性，所以在干事时常常会浅尝辄止、半途而废。这也和走路行进一样，大多数人都愿意走平坦的下坡路，而不喜欢艰难的上坡路。这就是人之所以常常见了困难绕着走的深层原因。

许多人之所以没有收获，主要原因就是在最需要下大力气、花大工夫时，能毫不懈怠地坚持下去时，他却停止了努力，千里之行，弃于脚下，成功从此与他无缘了。

亨利·毕克斯·特恩出生在威斯特麦兰郡的克拜伦德尔地区，父亲是一个小有名气的外科医生。亨利一开始并没有什么新的打算，只是准备继承父业。在爱丁堡求学期间，他对医学研究专心致志，从不动摇，周围的人都很佩服他的坚韧刻苦。当他回到家乡，积极从事实践活动。

随着时间的变化，他对这门职业渐渐地失去了兴趣，对眼前小镇的闭塞与落后也日益不满。这时，他对生理学发生了兴趣，并有了自己的思考，十分渴望进一步提高自己。

父亲完全赞成亨利本人的愿望，于是把他送到了剑桥大学，让他在这个世界闻名的大学进一步深造。不幸的是，过分地用功严重地损害了他的身体。为了恢复健康，作为一个医生，他接受了一项职务——去德奥克斯福德当一位旅行医生。在此期间，他掌握了意大利语，并对意大利文学产生了浓厚的兴趣，对医学的兴趣反而越来越淡。很快，他就坚决地放弃了医学，决心攻读其他学科的学位。经过一段时间的努力，他获得了当年剑桥大学数学学位考试一等及格者。

毕业之后，他未能如愿进入军界，只得进入律师界。但作为一位刚刚毕业的学生；他进了内殿法学协会，拿出以往学习的劲头，刻苦地钻研法律。他在给他父亲的信中写道：“每一个人都对我说：‘你一定会成功——以你这非凡的毅力。’尽管我不明白将来会是什么样子，但有一点我敢相信：只要我用心去干一件事，我是决不会失败的。”

28岁那年，他进入律师界，但生活的道路要靠自己去开辟。这时他经济十分拮据。主要靠朋友们的捐赠过日子。他潜心研究和等待了多年，但还是没有生意。日子一天比一天难熬，他不得不在各方面省吃俭用，不要说娱乐，就是连最必需的衣服、食物他都已紧缩到不能再紧缩的地步。他写信给家里，承认他自己也不知道他能再坚持多久，他自己都怀疑能否等到开业的机会。

3 年时间一晃而过，他苦苦地等待仍然没有结果。“律师这碗饭不是那么好吃的”，他写信告诉自己的朋友们，他再也不能成为别人的负担了。他想放弃这里的一切回到剑桥去，在那里他相信自己能找到谋生的办法。家人和朋友给他寄来了一小笔汇款，鼓励他不要灰心。亨利又挺了一段日子，生意终于慢慢来了。他在办一些小案子时表现很好，很守信用，于是他的工作渐渐有了起色。人们开始把一些大宗案子交给他办。

亨利是一个从不放过任何机会的人，当然，他也从不放过任何一个提高自己的机会。他数年的孜孜追求终于迎来了丰收的一天。几年之后，他不仅不需要家里的帮助，而且可以还一些旧债。乌云终于散去，好运光临头顶。亨利·毕克斯特恩的大名意味着荣誉、财富和才华。他终于成了一位声名显赫的主事官，以蓝格德尔贵族的身份坐在上议院之中。

人会不会成功，关键就是看在困难面前能不能坚持，坚持下去就是胜利，半途而废则前功尽弃。

品悟人生

那些具有非凡毅力、顽强意志的人，凭着自己不屈不挠的执著追求，一定会获得属于自己的成功之路。

要争气，不要半途而弃

如果你不放弃自己，就不会有谁放弃你，所有的富有者没有谁是一个放弃理想和追求的人，在成功的路上，放弃永远是一种最可怕的行为，甚至比失败更可怕。因为失败之后还可以再来，而放弃了则是从心底让自己和成功告别了。失败是成功的前奏和序曲，而放弃则是成功的结束和尾声。面对人生的许多挑战，许多坎坷和陷阱，谁能保证不输？跌倒并不可怕，可怕的是没有站起来的勇气。成功的人总是那些不知放弃的人。

印尼华人林绍良，他从卖杂货的小贩到成为“世界十大富豪之一”，他的成功是和艰苦奋斗永不放弃的精神分不开的。林绍良曾对人说：一个人的创业，一半靠机遇，一半则靠个人奋斗——这正是他事业成功的写照。

1916 年林绍良出生在中国福建省福清县一个殷实的农民家庭。他在私塾一直念到了 15 岁。然后开始学着做点小生意，租了一间房子，开了一个小面店。“九·一八”事变后，日本侵占了东三省，人心惶惶，林绍良的面店也只好关门了。这时候，叔叔和哥哥去了印尼，林绍良就成了家里的顶梁柱。1935 年，父亲因病去世了，母亲担心儿子被抓走，便主张他出走南洋。

1938 年春天，林绍良来到印度尼西亚中爪哇的古突士镇，投靠叔父。当时叔父林财金在镇上开了个花生油店，林绍良就在店里当学徒。他每天起早贪黑地干活，空余时间就学习印度尼西亚语及爪哇方言。

爪哇岛上并不比家乡好多少，日本侵略者的铁蹄也已经迈向了这里，烽火连天，经济凋零，生意要赚钱，谈何容易。后来，林绍良发现只是在店中坐等顾客上门是不行的，于是他就向叔父提出要到外面去推销，叔父同意了。于是，林绍良走街串巷，上门推销花生油。因为战争，顾客很少出门，林绍良的送货上门受到了热烈欢迎，销售额开始成倍地增长。叔父高兴地给他加了薪，并鼓励他继续干下去。

两年后，有了些积蓄的他开始有了新的想法，他想寻求更大的发展。因为没有太多的本钱，林绍良做起了贩卖咖啡粉的小本生意。这段生活是非常艰苦的，为了生计和理想，林绍良每天半夜就起床，先将买来的咖啡豆磨成粉，再用旧报纸包成小包，天还未亮，就骑上自行车，不管刮风下雨，赶到六七十里外的市场去贩卖。只有当夜深人静入睡时，他才会忘记疲劳。这种生活虽然盈利不多，但却培养他的胆识，积累了社会经验，接触了很多人。后来，林绍良每当回忆起这段“骑自行车贩卖”的艰苦生活时，还不无感慨地说：“人需要经得起磨炼，才会有所进步。”

经过几十年的苦心经营，到1988年，年逾古稀的林绍良已经构建起了自己的“林氏王国”，其企业在东南亚举足轻重，林绍良也因其雄厚的财力和庞大的势力，称雄印尼，富甲东南亚，被誉为“亚洲的洛克菲勒”。

林绍良的成功告诉我们，百折不挠、永不放弃的工作精神是获得成功的基础。这个世界里，成功永远属于争气的人，属于精神上的争气的人——那些不会被困难打垮的争气的人，在这里，弱者只能得到同情和怜悯，精神上的弱者永远不可能取得成功。如果把工作比作一场战争的话，人就是在战场上冲锋陷阵的人，工作中的各种挑战就是你的敌人，当你面对敌人，不能有任何谦让，否则，你的敌人可以让你丧命。要成为这场战争的胜利者，就要具备百折不挠、永不放弃的战斗精神。

丘吉尔有一次去参加牛津大学的一个讲座，那一天到来之时，全世界各大新闻媒体都前往参加，会场上人山人海，水泄不通。人们都去恭听这位政治家、外交家的成功秘诀。

丘吉尔上台之后用手势止住大家震耳欲聋的掌声后，说：“我的成功秘诀有三个：第一是，绝不放弃；第二是，绝不、绝不放弃；第三是，绝不、绝不、绝不能放弃！我的演讲结束了。”说完就走下了讲台。

台下安静极了，一分钟后，礼堂里爆发出热烈的掌声。

有时候，有的成功并不是总那么耀眼辉煌的，有很多我们还不知道、不能想象的难度和挑战。取得成功不是靠多么壮观的方式，而是靠不断地努力和不停地坚持。

品悟人生

“路漫漫其修远兮，吾将上下而求索。”成功是在失败中慢慢获取的，只有肯于继续求索而不放弃的人才会找到它。

挺住，你就会获得幸运

都说幸福的家庭家家相似，而不幸的家庭却各有各的不幸。其实每个家庭，总会经历一些大大小小的不幸，甚至包括那些看似幸福不已的家庭。那么为什么有的家庭在经历了不幸的时候还是能表现得非常幸福呢，为什么那些原本幸福的家庭却“祸不单行”呢，除了一些机遇的因素之外，最关键的是前者能善于挺住不幸，耐心地等待幸运之神的到来。

老陈是一个公司的部门经理，虽然工资不是很高，但是他生活得非常惬意，不仅仅是因为他喜欢自己的工作，更是因为他有一个非常美满的家庭，上有疼爱自己的父母，有美丽贤惠的妻子，下有一个非常孝顺、学习成绩又好的儿子，一家人过得其乐融融。现在老陈最大的愿望就是在儿子大学毕业的时候全家人去欧洲旅游一番。

可是美好的愿望与和谐的家庭被一次事故给打破了。暑假的一天，老陈像往常一样去单位上班，而他的儿子则随他一起到附近的书店去买书。就在父子俩分手之后不久，老陈的手机响了，是交警大队打来的，他的儿子为了救一个横穿马路的小女孩而被一辆大货车撞成了重伤，情况危及，需要家属立刻赶往医院签字进行手术。

老陈听到这个消息，脑袋“轰”的一声，眼前突然一黑，身体顺势倒了下去。为了儿子，他勉强赶到医院，可是接下来的事情让他更加无法接受。因为儿子失血过多，需要立刻输血，老陈立刻决定为儿子输血，可是当他给儿子输完血的时候他却发现自己儿子的血型竟然是AB型，而自己和妻子的血型都是O型，那儿子的血型怎么会出现AB

型呢？

在确定医院没有化验错的时候，老陈真不知道该如何去面对这个现实。他相信自己的妻子对自己是忠诚的，不会做对不起自己的事情，那么这个孩子到底是怎么回事呢？最后，他得出一个结论：在生孩子那天被医院抱错了孩子！而随后，在当时孩子出生的那个医院里的记录中查到了和自己儿子同一天出生的人，可是茫茫人海，怎么去寻找呢？

唯一的办法就是按照上面的地址一家家去寻找。22年时间过去了，那些地址不是变的变，就是没有的没有。在经过了两个月的辛苦找寻之后，还是一无所获。

老父母在听到这个事情的时候，着急上火，双双病倒在床，而温柔贤惠的妻子为了证明自己的清白，几次选择自杀，幸好被老陈及时发现而抢救了过来。面对突如其来的这些不幸，老陈似乎真的要崩溃了，他似乎觉得天都要塌下来了，但是现在唯一能做的就是挺住，当好家里的顶梁柱，为家人撑起明天的希望。

在老陈的坚持之下，事情终于出现了转机：当地的电视台在听到了老陈的消息之后，开始帮助他寻找自己的亲身儿子，而医院也做出回应，对自己所造成的过失承担责任，妻子在老陈的鼓励下也开始正视这个现实，勇敢地加入到了拯救行动之中，父母的病情也在一步一步地好转……

就在出现转机的不久，电视台给老陈带来了好消息，地址上面的那些人都找到了，并且也都愿意配合做亲子鉴定……老陈一家听到这个消息，热泪盈眶地抱在了一起！

事情的结局就是：老陈由一个儿子变成了两个儿子，出国旅游由一家人变成了两家人……

老陈一家是不幸的，并且是一连串的不幸；同时老陈一家又是幸运的，帮助他的人很多，他自己做出的努力也很多，结果是令人满意的。而之所以这个结果是令人满意的，关键就在于老陈挺住了所有的不幸，撑起了蔚蓝的明天，幸运才会永远相伴！

或许我们生活中的不幸没有老陈一家来得典型，或许生活中的幸运来得没有那么快，但是有一点是可以肯定的：面对生活中的不幸，只有能挺住才能将现状打破，给自己的生活一个翻身的机会，也给幸运一个降临的机会。

品悟人生

争气的人不会经常选择放弃，无论多么沉重的打击，他总是告诉自己，成功还有机会。只要坚持，下一次就是成功的开始。

坚持让你比别人更成功

任何人的成功都不是一帆风顺的，坚持是一种美德，把坚持变成一种习惯是取得成功的法宝之一。

一家著名的企业招聘推销员时，公司人事经理只粗略地看了一下应聘人员的自荐材料，便说“电梯坏了”，于是决定带着几十个应聘者从一楼向 32 楼办公室爬去。结果大多人不是待在一楼等电梯修好，就是走了一半就放弃了。望着坚持到最后的几位应聘者，人事经理宣布：你们被聘用了，其他人则全部被淘汰。

以爬楼梯来考核一个员工是否具有坚持不懈的精神，真的很让人出乎意料。但这也正是这家企业的高明之处，连几层楼都不愿爬的人，成不了优秀员工，也成不了优秀的推销员。在工作中，许多推销员整天都在忙忙碌碌，但是他们并没有取得成功，是因为他们大多都败在自己手里，败在遇到挫折时放弃自己的追求，缺乏坚持不懈的精神。

约翰·吉米是美国一家人寿保险公司的保险员，他花 65 元买了一辆脚踏车到处拉保险。不幸的是，成绩始终是一片空白。可是，吉米毫不气馁，晚上即使再疲倦，也要一定写信给被白天访问过的客户，感谢他们接受自己的访问，同时，也会力求请他们加入投保的行列，他的每一字每一句都写得诚恳感人。

但是，任凭他再努力、再劳累，也没有发生效果。两个月过去了，他连一个顾客也没有拉到，他所面临的危机开始慢慢逼近他。

他常常是劳累一天回来，连饭也没心情吃，虽然娇妻温顺体贴，但是，一想到第二天，他常常会全身冒冷汗。

他在日记中写道："从前，我以为一个人只要认真、努力地工作，就能做好任何事情。但是这一次，我错了。我辛苦地跑了68天，然而，却连一个客户也没有拉成。但一想到未来的成功时，我就又充满了信心。"

为了达成目标他从未放弃过，有一次，他想说服一个校长让他的学生全部投保，然而校长对此毫无兴趣，一次次地将他拒之门外。当他第69次再跑到校长室时，校长终于被他的坚持精神所感动，让学校的所有学生投保。后来，他就是凭着自己坚持不懈的精神成了一位著名的保险推销员。

约翰逊说过："伟大的作品不是靠力量，而是靠坚持来完成的。"

全球最大的商务网站阿里巴巴的总裁马云说："我不知道什么叫成功，我只知道只要你放弃了，你就失败了。"要设定一个目标，是人人都会的事，但要实现艰巨的目标，却不是人人都能坚持得住的。在一个记录片中，篮球之神乔丹说："我曾经被罚球1800次，腿伤、肩伤、关节痛3300次，投篮未中9900次……但是我坚持下来了！"

品悟人生

坚持是成功者的一种习惯："快乐与痛苦，坚持与放弃，是从一个决定、一个目标开始的。而人生的辉煌，很可能是持之以恒的精神铸就的。"

第八章

相信自己，只有自己才能给自己争气

自信与自卑，两种不同的心态能决定着完全不同的命运。如果拥有自信而又积极的心态，你的人生成功率就高；如果拥有自卑而又消极的心态，那么你的人生就会败多成少。一个人能否成功就看他到底拥有哪一种的心态。

争气的人，绝不是自卑的人

爱默生曾经说过："伟大高贵人物的最明显标识，就是他有坚韧的意志。不管环境变换到何种地步，他的初衷与希望仍不会有丝毫的改变，直至克服阻碍，达到所期望的目的。"是的，在运用智慧成就事业的过程中，我们不仅需要有坚韧的意志力，还要具备乐观、自信和不自卑的精神。自卑是人生的绊脚石，请放下你的自卑，让光明、自信、美丽的世界永存你心吧！

自信是每个人走向成功所必需的第一要素。如果一个人建立了自信，那么，他就已经向成功的大门迈入了第一步。自卑是个人不断成熟的标志。古往今来，每一个伟大的人物，在他们的一生中，无不是以顽强的自信为先导，拿破仑曾经宣称："在我的人生字典里，没有'不可能'三个字。"这是何等豪迈的自信！正是因为有了这份自信，才激起了他无比的智慧和巨大的潜力，成为历史上赫赫有名的一代将领。

如果说自信不一定让你走向成功，那么拥有自卑心的人却一定不会成功。所以只有相信自己，才能激起奋发进取的勇气，才能感受生活意义的所在，才能感受到生存的价值，才能有所作为！建立顽强的自信吧！这样你才具备驾驭生活的动力和能力，你会变得乐观豁达，你的人生也因此赋予了更多的价值和意义，你才会感觉到快乐。

一个生活非常穷苦的人，在地下隧道里摆了一个铅笔摊，很少有人来买铅笔，因为人们都去买高档品，所以他的日子一天不如一天。他实在活不下去了，选择了要饭，可他仍然摆着他的铅笔摊。一天，一个人路过那里，扔给他一元钱，等那个人走了一段路后，忽然转身而回，到铅笔摊前说："我刚才给了你一元钱，却没有拿物品，现在我要拿回我应该得到的东西。"于是拿了几支铅笔便走了。他终于明白没有人使自己变成这样，是自己的自卑，使自己变成了乞丐，于是他收拾了笔摊，到外面去闯荡，终于他成功了，成为了铅笔商。

没错，不要自卑，请相信自己吧！谁也救不了你，只有自己救得了自己。

两个人同是一家厂里的员工，因为煤气罐爆炸，两个人都失去了眼睛。一天，甲拿着拐杖走在街上，忽然听见有人在乞讨，于是给了那人许多钱，并问他是如何瞎的。听了他的经历之后，甲知道那个人是乙，这时乙才知道甲早已成为百万富翁，而他却是……

那些敢于去尝试一切的人一定是聪明人，不管他们尝试的过程是什么样子，因为他们即使不成功，也能从中学到教训。然后，重新尝试，一直到成功为止。所以，只有那些不去尝试的人，才是绝对的失败者。人有自信就能战胜一切困难，改善自身的生存条件，创造美好的未来。自信就是自己相信自己，自信是人自身的资源和力量，有了自信，才会拥有成功，才会拥抱整个世界。

品悟人生

一个人如果被自卑感所控制，其精神将会受到严重影响。总而言之，自卑感使人自暴自弃，无所追求，最终一事无成。

一定要看得起自己

人生最大的缺失，莫过于失去自信。居里夫人曾经说过：“生活对于任何一个男女都非易事。我们必须要有坚韧不拔的精神，最要紧的，还是我们自己要有信心。我们必须相信，我们对一件事情具有天赋的才能，并且无论付出任何代价，都要把这件事情完成。当事情结束的时候，你要能够问心无愧地说已经尽我所能了。那么你就能成为你所希望成为的人。”

一位画家把自己的一幅佳作送到画廊里展出，他别出心裁地放了一支笔，并附言：“观赏者如果认为这画有欠佳之处，请在画上作上记号。”结果画面上标满了记号，几乎没有一处不被指责。过了几日，这位画家又画一张同样的画拿去展出，不过这次附言与上次不同，他请观赏者将他们最为欣赏的妙笔都标上记号。当他再取回画时，看到画面又被涂满了记号，原先被指责的地方，却都换上了赞美的标记。

有自信心的人，可以化渺小为伟大，化平庸为神奇。世界上每个人看事情的角度是不一样的，所以绝不要企求得到每一个人的赞扬。故事中画家的事，就是很好的说明。

现实生活中我们经常会碰到这种情况。同样的事，同样的人，常常会出现不同的待遇，产生不同的结果。仔细想想，这也并不奇怪，因为人世间每一个人的眼光各不相同，理解事物的角度也不一样。所以要运用正确的思维方式，不要完全相信你听到的和看到的一切，也不要因为他人的指责、鄙视而轻视自己，产生自卑感。

如果我们心里认定会失败，就永远不会成功。如果我们自信能够成功，成功的可能性就会大为增加。没有自信，没有目标，我们就会俯仰由人，一事无成。自信是成功的前提，在现实生活中，如果你让别人来指出你的缺点，相信你会得到很多不足；而让别人来指出你的优点，相信你也会得到很多赞扬。

如果你真的相信自己，并且深信自己一定能实现梦想，你就真的能够步入坦途，而别人也会更看重你。

有一次，一名意志消沉的经理前去寻求美国著名成功学家拿破仑·希尔的帮助，他因为合伙人的破产而变得一无所有。拿破仑·希尔要求他站在厚窗帘的前面，并且告诉他："你将看到这世上惟一能使你重获信心并且克服困境的人。"藏在窗帘底下的其实是一面镜子，因此，当拿破仑·希尔将这块窗帘揭开，出现在经理面前的不是别人，正是他自己。

经理用手摸摸自己长满胡须的脸孔，对着镜子里的人从头到脚打量了几分钟，不禁陷入了沉思，过一会儿便向拿破仑·希尔道谢而后离去。

几个月后，经理再度现身在拿破仑·希尔面前，但他已非当时的失意者，而是从头到脚打扮一新，看起来精神焕发、信心十足的样子。他告诉拿破仑·希尔，"那一天我离开你的办公室时还只是一个流浪汉。我对着镜子找到了我的自信。现在我找到了一份薪水不错的工作，我确信自己从前的成功肯定还会降临。"

自信就是自己信得过自己，自己看得起自己。人们常常把自信比做发挥主观能动性的闸门，启动聪明才智的马达，这是很有道理的。确立自信心要正确评价自己，发现自己的长处，肯定自己的能力，自信不是孤芳自赏，夜郎自大；更不是得意忘形，毫无根据的自以为是和盲目乐观；而是激励自己奋发进取的一种心理素质，它代表一种高昂的斗志、充沛的干劲、迎接生活挑战的一种乐观情绪，是战胜自己、告别自卑、摆脱烦恼的一种灵丹妙药。

相信自己，就是要相信我们是有价值的。这种价值表现在我们能够为社会、为他人创造价值，而且社会、他人也认同你为他们提供的产品和服务。只有相信自己的价值，才会把握住自己的个性，相信自己的价值具有独特性，而不会在乎别人怎么评价自己。如果你不信任自己、不尊重自己，你自然也会抱怨别人不信任你、不尊重你。

品悟人生

惟有自信，才是你成功的最可靠的资本。你永远不要企求全世界的人都会百分之百地赞美你，因为就连上帝都有人反对，不是吗？所以，别人看不看得起，不如自己看得起。只有相信自己的价值，充分认识自己的长处，才能保持奋发向上的劲头。

信心有多大，舞台就有多大

记得一位名人曾经说过这样一句话："如果我们分析一下那些卓越人物的人格品质，就会看到他们有一个共同的特点：他们在开始做事前，总是充分相信自己的能力，排除一切艰难险阻，直到胜利！"

一位父亲带着儿子去参观凡·高故居，在看过那张小木床及裂了口的皮鞋之后，儿子问父亲："凡·高不是位百万富翁吗？"父亲答："凡·高是位连妻子都没娶上的穷人。"

第二年，这位父亲带儿子去丹麦，在安徒生的故居前，儿子又困惑地问："爸爸，安徒生不是生活在皇宫里吗？"父亲答："安徒生是位鞋匠的儿子，他就生活在这栋阁楼里。"

这位父亲是一个水手，他每年往来于大西洋各个港口；他的儿子叫伊东布拉格，是美国历史上第一位获普利策奖的黑人记者。

心理学家研究发现，自信是人们心中的明灯。正是如此，成大事者总是能走好明灯照亮的路。因为自信，他们会比别人更早、更容易找到成功的钥匙。自信成了他们成就大事的催化剂。

梁启超说过："凡任天下大事者，不可无自信心，每处一事，既看得透彻，自信得过，则以一往无前之勇赴之，以百折不挠之耐力持之，虽千山万岳，一时崩溃而不以为意。虽怒涛惊澜，蓦然号于脚下，而不改其容。”自信是对自我能力和自我价值的一种肯定。在影响自学的诸要素中，自信是首要因素。有自信，才会有成功。

美国橄榄球教练杰米·约翰逊说：“相信自己能赢，就一定能赢。”

教练杰米·约翰逊又说：“无论我是把一个球员当作一个胜利者看待，还是将整个球队看作一支冠军队，或者是将教练助理视为甲级队中最聪明、最勤奋的教练助理，关键是我树立起了整个球队的自信，这才是我们能赢的真正动力。”

“相信自己能赢，就一定能赢”，这就是教练杰米·约翰逊仅经过短短的4个赛季就把一支失魂落魄的橄榄球队塑造为全美超级杯冠军队的秘诀。

真正的自信，能鼓舞士气，渡过难关；能战胜失败，克服恐惧；能产生实现目标的力量。自信不是被动地等待，而是主动的出击，就像机器必须要运转才能产生作用，许多我们看似难以实现的成功往往都是建立在自信的基础之上。

中国姑娘彭丹，考上了英国牛津大学博士，但是她却在参加面试时同导师激烈地辩论起来。教授很生气，整个走廊都能听到他们的争吵。

“就凭你那个实施方案，我马上就可以指出不下10个错误。”

“这只能表明这个方案不成熟，要是你接受我成为你的学生，我自己可以把这个方案改得完美。”

“你想要我指导一个反对我的理论的研究生吗?”

“我是这样想的。”

这一翻争吵发生后，彭丹心里想：“牛津大学不会录取我了。”但是，没想到，秘书在宣布录取名单时读到“中国的彭丹小姐”时，阿加尔教授站了起来，当着众人的面对她说：“你看，我的孩子，你骂了我两个小时，但我还是决定要你。因为，我要你尽情地在我的支持下反对我的理论，如果事实证明你是错的，我将十分高兴。如果你是对的，我将更加高兴。我希望我死时，你能成为比我更好的心理学家。”

可见，自信对一个人来说有多么重要。它能变被动为主动，由劣势变成优势。信心的力量是巨大的，有了自信，就有了顽强的精神和意志，从而战胜自己，战胜重重困难。

莎士比亚说过：“自信是成功的第一步”。当你满怀激情踏上自学之路时，请带上自信出发；当你遇到学习压力或考场失败时，请找回并重新树立你的自信；当你考场取胜时，成功会坚定你的自信。心中有自信，成功就会有动力。

品悟人生

自信的确在很大程度上促进了一个人的成功，从不少人的创业史中我们都可见一斑。自信可以把人从困境中解救出来，可以使人在黑暗中看到成功的光芒，可以赋予人奋斗的动力，或许可以这么说：“拥有自信，就拥有了成功的一半。”

自信可以创造奇迹

自信心可以创造奇迹，自信使一个人的才干取之不尽、用之不竭。未来的世界充满了无数成功的可能，这种机会对每个人而言，都是均等的，只要对自己充满信心，就会在未来的广阔空间里，获得自己的生存方式和发展方式。

罗杰·罗尔斯是美国纽约州历史上第一位黑人州长。

他出生在纽约声名狼藉的大沙头贫民窟。这里环境肮脏，充满暴力，是偷渡者和流浪汉的聚集地。在这儿出生的孩子，耳濡目染，他们从小逃学、打架、偷窃、甚至吸毒，长大后很少有人从事体面的职业。

然而，罗杰·罗尔斯是个例外，他不仅考入了大学，而且成了州长。

在就职的记者招待会上，一位记者对他提问：是什么把你推向州长宝座的？面对三百多名记者，罗尔斯对自己的奋斗史只字未提，只谈到了他上小学时的校长——皮尔·保罗。

1961年，皮尔·保罗被聘为诺必塔小学的董事兼校长。当时正值美国嬉皮士流行的时代，他走进大沙头诺必塔小学的时候，发现这儿的穷孩子比“迷惘的一代”还要无所事事。他们不与老师合作，旷课、斗殴，甚至砸烂教室的黑板。皮尔·保罗想了很多办法来引导他们，可是没有一个是有效的。后来他发现这些孩子都很迷信，于是在他上课的时候就多了一项内容——给学生看手相。他用这个办法来鼓励学生。

当罗尔斯从窗台上跳下，伸着小手走向讲台时，皮尔·保罗说：“我一看你修长的小拇指就知道，将来你是纽约州的州长。”当时，罗尔斯大吃一惊，因为长这么大，只有他奶奶让他振奋过一次，说他可以成为五吨重的小船的船长。这一次，皮尔·保罗先生竟说他可以成为纽约州的州长，着实出乎他的预料。他记下了这句话，并且相信了它。

从那天起，“纽约州州长”就像一面旗帜，罗尔斯的衣服不再沾满泥土，说话时也不再夹杂污言秽语。他开始挺直腰杆走路，在以后的四十多年间，他没有一天不按州长的身份要求自己。51岁那年，他终于成了州长。

一项事业的成功固然需要才干，但是自信心必不可少。如果你没有这种自信心，是由于你不相信自己能具有自信心的缘故，要获得成功，你无论如何都要从心灵上、从言行上、从态度上拿出“自信心”三个字。

人是自己命运的舵手，信心是指引人生之舟航向的罗盘。人生前途的成败得失，关键所在，一言以蔽之，只是信心的有无而已。

自信造就奇迹。自信心是人生成败、幸福与不幸的关键。信心是行动的发条，基于信心而来的那种无比的驱策力量，就是缔造人世间一切伟业殊功的源头。

品悟人生

人有信心，就有希望。信心能使软弱的人变得刚强，毅然承担一切苦难与折磨，接受任何考验和试探。

活出自己的精彩

如何才能让自己成为独一无二的人呢？很简单：争气！因为只有自己争气的人，才能真正成为生命的主角，成为自己命运的主宰。

有一个叫凯丽的女孩，她从小心理就特别敏感而腼腆，而且她的身体一直太胖，她的脸使她看起来比实际还胖得多。凯丽的母亲认为把衣服弄得漂亮是一件很愚蠢的事情。她总是对她说："宽衣好穿，窄衣容易弄破。"同时，母亲总照这句话来打扮凯丽。凯丽也从来不和其他的孩子一起做室外活动，甚至不上体育课。她非常害羞，觉得自己和其他的人都不一样，完全是个不讨人喜欢的女孩子。

长大之后，嫁了人的凯丽仍然没有改变。丈夫家一家人都很好，也充满了自信。凯丽尽最大的努力学着像他们一样，可是她怎么也做不到。家人为了使凯丽开朗而做的每一件事情，都只能令她更退缩到她的壳里去。她开始变得紧张不安，躲开了所有的朋友，情形坏到她甚至怕听到门铃响。凯丽知道自己是一个自闭者，又怕她的丈夫会发现这一点，所以每次他们出现在公共场所的时候，她都假装很开心，甚至有时装得开心得有点过头，事后，她也会为这个难过好几天。最后痛苦的凯丽觉得再活下去已经没有什么意思了，她想到了自杀。

但是有一天，婆婆的一句话点悟了她。那天，她听到婆婆谈自己怎么教养几个孩子，婆婆说："不管事情怎么样，我总会要求他们保持本色。"

"保持本色"这几个字像一道灵光闪过脑际，凯丽明白了原来所有的不幸都起源于她把自己套入了一个不属于自己的模式中去了。

凯丽后来回忆道："在一夜之间我整个改变了。我开始找出自我。我试着研究我自己的个性、自己的优点，尽我所能去学色彩和服饰知识，尽量以适合我的方式去穿衣服。我主动地去交朋友，我参加了一个社团组织——起先是一个很小的社团——他们让我参加活动，把我吓坏了。可是我每一次发言，就增加一点勇气。今天我所拥有的快乐，是我从来没有想到可能得到的。"

一句"保持本色"的提醒，让凯丽放松了自己，恢复了健康的心态，从而，她也找回了自信与快乐。凯丽经历苦难才学到的教训告诉我们：不论发生什么事，我们都应该永远保持自我，活出自己的精彩。只有真实地生活在自己的世界里，才能发挥出你的特色，才能活出真实快乐的自我。

每个人都有自己特定的优缺点，我们实在没有必要因为某些世俗的观念，就将自己改造成他人。这个世界上的每个人都是独一无二的。别人怎么看我们那是他个人的问题，与我们没有多大关系，而我们怎么样看待自己，才是最重要的。我们应该认清自己的需求，重新排列自己价值观的优先顺序，把自己摆在第一位。

品悟人生

做自己认为对的事，成自己想成为的人，这样我们才会干出属于自己的独特事业。

把自己适当看高一点

当你走到人前时，昂首挺胸总是要比低眉顺眼好。一个人若是自己都看不起自己，别人怎么会看得起他呢？所以，与其把自己看低，不如把自己看高。

在这个世界上，没有什么事情是不能办成的，没有什么结果是不能改变的，只要你对自己有信心，事情往往就成功了一半。前进的道路上，有时差的就是那自信的一步，前进一步便是不一样的人生。

古希腊的大哲学家苏格拉底在风烛残年之际，知道自己时日不多了，就想考验和点化一下他那位平时看来很不错的助手。

他把助手叫到床前，说："我的蜡所剩不多了，得找另一根蜡接着点下去，你明白我的意思吗？"

"明白，"那位助手赶忙说："您的思想光辉是得很好地传承下去。"

"可是，"苏格拉底慢悠悠地说："我需要一位最优秀的传承者，他不但要有相当的智慧，还必须有充分的信心和非凡的勇气，你帮我寻找一位好吗？"

"我一定竭尽全力。"

苏格拉底笑了笑。

那位忠诚而勤奋的助手，不辞辛劳地通过各种渠道开始四处寻找了。可他领来一位又一位，都被苏格拉底一一婉言谢绝。一次，当那位助手再次无功而返时，病入膏肓的苏格拉底硬撑着坐起来："真是辛苦你了，不过，你找来的那些人，其实都不如……"

"我一定加倍努力，"助手恳切地说，"找遍五湖四海，也要把最优秀的人选挖掘出来。"

苏格拉底笑了笑，不再说话。

半年之后，苏格拉底眼看就要告别人世，最优秀的人选还是没有眉目。助手非常惭愧："我真对不起您，令您失望了！"

"失望的是我，对不起的却是你自己，"苏格拉底很失意地闭上眼睛，停顿了许久，才又不无哀怨地说："本来，最优秀的就是你自己，只是你不敢相信自己，才把自己给忽略给丢失了。其实，每个人都是最优秀的，差别就在于如何认识自己、如何发掘和重用自己。"一代哲人就这样永远地离开了他曾经深切关注着的世界。

那位助手非常后悔，甚至自责了整个后半生。

为了避免自己这样的缺憾，你不妨把自己看高一点，认为这个世界上没有什么位置是你没有资格去占有的，没有什么东西是你不配享有的，然后信心十足地付出努力。你将发现，你的人生道路一下子变得豁然开朗了。

对于现代人说，我们应该充分运用自己的智慧，付出辛勤的劳动，并尽享人生的美妙之感，这种享受既有精神方面的，也有物质方面的。也就是说，对于生活，我们应该更多更高的追求，只有这样，我们才有激情和动力去找出属于我们自身的金矿。

那么，如何才能把自己看的高一点呢？下面介绍一个“自我淘金”的办法，把你身上最优秀的品质开发出来。

1. 你要认真回答自己：“什么是我最优良的品质”，请不要敷衍自己，给自己做一个详细的描绘。

2. 把你的所有优点逐条写在纸上，给自己做一份自我推荐信。然后，与自己面对面地谈话，排除其他杂念，一心一意想着你就是你的推荐信里写的那个人，你的身上有许多别人不具有的优点。

3. 在适当的时候，每天至少大声朗读一次你的“自我推荐广告”，如果你在一面镜子之前这样做，效果更佳。有力地重复你的广告语会使你血液加快循环，令你自己热情起来。

每次要求自己有勇气的行动前，都应复习默诵一遍你的广告。随身携带你的“自我激励”计划。

也许有许多人，会嘲笑这一争取成功的技巧，那只是因为他们不相信成功的心理暗示会对人产生巨大的影响。但是，请不要受这些世俗观念的影响，你不是一个凡夫俗子，你心中的“自我”伟大一些，你也会随之变得伟大。

品悟人生

把自己适当看高一些，按照这样的方法试一试，也许你就能发现自己的金矿，从而建立起良好的心情，从此，你的人生就会走出困境，走进展示自我价值的成功之路。

做生命的主宰，做一个争气的人

做人做事都要有决断、有主见，凡事依赖别人的人是不成熟的，也是不自信的，只有去除依赖性，做事不盲从，你才真正成为一个争气的人。

德山禅师到了龙潭，迫不及待地在山门外大声叫道："说什么圣地龙潭，既不见龙，又不见潭！"

崇信禅师在山门内应道："你已到了龙潭！"

德山禅师闻此应声，有所悟。从此，德山禅师随侍龙潭崇信禅师参禅。

一日夜晚，德山禅师站在崇信禅师身旁，久久不去，龙潭禅师说道："时间已经不早，你怎么不回去休息？"

德山禅师向门外走了几步，回头说道："外面天黑！"

龙潭禅师点了一支蜡烛给德山禅师，德山禅师正想用手去接，龙潭禅师一口气又把蜡烛吹灭，德山禅师于此大悟，立刻向龙潭禅师顶礼，良久不起，龙潭禅师便问道："现在一片漆黑，你见到了什么？"

德山禅师说道："弟子心光已亮。"

德山禅师悟道后，侍奉龙潭禅师 30 余年，84 岁圆寂。

德山禅师起初以为不见龙不见潭，就不是龙潭，但崇信禅师告诉他，已到了龙潭，这便是给他一个当下即是的感受。崇信禅师又把烛火吹熄，这也说明了不可依赖别人，一切要靠自己，德山禅师终于顿悟，所谓心灯亮了。

体悟生活之道相同，生活中我们也应该去掉依赖性，懂得凡事靠自己。

依赖性强的人往往没有主见，缺乏自信，总觉得自己能力不足，甘愿置身于从属地位。遇到事情总想依赖父母、师长、朋友或权威，总希望他们能为自己做出决定，不敢独立负责。一旦失去了可以依赖的人，他们常常感到不知所措，甚至连最基本的生活问题都不能自理。其实，人的独立性是可以培养的，这一点我们应该像鸟类学习。

小鸟的翅膀刚刚长成，刚学会飞行的时候，就被它们的父母赶出了“家门”。当小鸟眷恋温暖的窝巢，不愿离去时，父母们就不顾亲情，硬是把小鸟逐走才肯罢休。

其实小鸟初生时，鸟爸爸鸟妈妈也如获至宝，轮流守护，轮流觅食，爱子之情与人类并无差别。然而当小鸟翅膀上的羽毛渐渐丰满时，父母们却“狠心”地将它们赶出家门。这在人类看来似乎有点不近情理，但正是这种“不近情理”使小鸟们掌握了生存的本领，使它们在“物竞天择”的环境中拥有自己的“一席之地”。

培养小鸟们的独立性，使它们离开父母的羽翼也能够生存，这才是鸟爸爸鸟妈妈对孩子一种真正智慧的爱。

去除依赖性的一个重要表现是坚持自己的主张，不去盲从别人，在独立自主中体现个人价值。

现在人们生活在一个充满“专家”的时代。由于人们已十分习惯于依赖这些“专家”权威性的看法，所以便逐渐丧失了对自己的信心，以至于不能对许多事情提出自己的意见或坚持信念。这些“专家”之所以取代了人们的社会地位，是因为是人们让他们这么做的。事实上，很多人都没有想到，自己就是世界上最伟大的专家。

品悟人生

没有独立的思维方法、生活能力和自己的主见，那么，生活、事业就无从谈起。只有把别人的话当参考，按着自己的主张走，一切才能处之泰然。

自信让我们成为争气的人

日本著名的营销大师原一平，在总结自己的成功经验时，说得最多的话就是“拥有积极自信的心态”。他认为一个人的成功离不开积极自信的心态，积极自信的心态是事业成功的催化剂，它常常能够把人们引向成功的道路。

在原一平进入明治保险公司的第6年，那时原一平已经是32岁的人了，他把生命的光和热全部投注在工作上，此时他的推销业绩已是全国第一。但永不服输的他仍然在狂热地工作着，每时每刻都想着如何继续扩大推销业务。

从许多原一平出版的书籍当中，我们都会看出原一平是一个爱思考的人。也正是由于他的爱思考，所以他才会与三菱财团的总裁合作成功。

得到全国推销业绩第一成就的原一平并没有放弃他的追求，而是时刻想着如何再扩大他的销售业绩。有一天，他突然闪出一个念头：三菱银行的总裁丰田万藏先生是我们明治保险公司的董事长，三菱银行一定融资或投资许多公司，而三菱银行与明治保险公司的关系又是母子公司，那么，通过这层关系，我若能得到丰田万藏董事长的介绍信……这个念头使他心跳加快，兴奋得几乎叫了起来。

原一平主意一定，就立即开始行动起来。原一平在适当的时机首先找到保险公司的最高主席——常务董事阿部章藏，并且向他说明了自己的全盘计划。阿部章藏董事静静地听他把话讲完之后，表示支持，并对原一平说：“听了你的计划，我非常吃惊，这是一个很伟大的计划，如果你的计划能够成功的话，那么对你对公司都有莫大的好处。不过，我们公司虽然属于三菱财团，但当初三菱财团资助明治保险时，他们讲明了绝不介绍保险。所以我不能为你做你想做的事了，如果我代你向丰田万藏董事长请求介绍信的话，可能我明天就不得不辞职了。”

阿部章藏董事的话犹如一瓢冷水泼向原一平，他失望极了。但是，原一平积极的心态，使他不会因为这一小点困难而失望，他绝不愿放弃哪怕是一点点的希望。于是，他又说道：“那么，你可以给我机会单独去见董事长，直接向他请求吗?”

阿部章藏董事从心里想帮助原一平，而且此时，他也被原一平的决心所打动，他从原一平的表情、眼神中看到了一股非干不可的决心。所以，他决定尽自己的所能去帮助他，并且想尽办法为原一平找机会与董事长见面。

一天，阿部章藏董事告诉原一平，说董事长什么时候会在什么地点出现。原一平觉得机会来了，于是，按照阿部章藏董事的安排，在一个星期天的早晨，他满怀希望和信心，准时在8点整到公司拜访丰田万藏董事长。可是，原一平从8点一直等到10点，依然不见董事长。于是，他又继续等了下去，这一等又是足足两个钟头，可还是不见董事长的影子。疲乏的他坐在沙发里，竟不知不觉地睡着了。

当他醒来时，他不知道睡了多长时间，但他清楚地知道他是被在照片上早已面熟的丰田万藏董事长从梦境中突然推醒的。看到原一平醒来，丰田万藏董事长劈头就问：“我们认识吗？你来这儿找我到底有什么事?”未等惊慌的原一平解释，董事长又来了一句：“对不起，你能快点吗？我的时间有限，如果没有事，你可以走了。”

平静了心情，原一平把他的目的说了出来，“我要去访问日清纺织公司的总经理，想请董事长帮助我，给我写一张介绍信。”同时又给董事长说了他为什么要介绍信的原因，可让原一平想不到的事，董事长给他的回答让他非常恼火。

“什么？保险那玩意儿也是可以介绍的吗?”董事长大声地说道。

如果按一般的人来做，这件事可能到此就结束了。但让人想不到的是，本来就因为等待董事长而有一些难受的原一平，再听了董事长最后的这句话，让他再也按捺不住了，原一平彻底地爆发了他那暴烈的脾气。

气愤的原一平上前跨了一大步，指着董事长大骂道：“你这个混账东西！你刚刚说‘保险那玩意儿’了。公司不是一再告诉我们，推销人寿保险是神圣的工作吗？你这个老家伙还是我们公司的董事长吗？我要立刻回去向所有员工宣布，宣布他们的董事长是如何对待他们所做的事业的。”

在董事长一脸惊讶的表情下，原一平怒气冲冲地夺门而去。一冲出大门，他立刻为自己粗野的行为懊悔不已，他六神无主地在街上徘徊，心想自己这次是怎么了？他肯定会为这次的行为付出代价。

经过原一平的左思右想，他觉得这样做对不起他的上司阿部章藏董事，他想他应该去跟阿部章藏董事道歉，然后就立刻向公司提出辞呈。可是让原一平想不到的事发生了，本来了无希望的事，却来了一个180度的大转弯，上司通知他再一次跟丰田万藏董事长见面，这完全出乎他的预料。

原来，在他走后，丰田万藏董事长也意识到了自己的失态。这样对待一个公司的员工，似乎有些不近情理。此时的丰田万藏董事长陷入了深深的自责，他从心里对自己做出了检讨，他自认以前对保险有偏见。作为明治保险公司的高级主管，他不仅应该对保险有正确的看法，而且应当积极地去推进保险业务的扩展才对。经过一些考虑后，有些后悔的丰田万藏董事长马上给阿部章藏董事打来电话，他说公司刚刚来了一个很厉害的年轻人，很有冲劲儿，几乎吓了他一大跳。当时，他确实不理解，有些生气。但经过仔细思考后，他发现这个年轻人的话其实很有道理。他还请阿部章藏董事代替他向原一平道歉。

阿部章藏董事接到指示后很吃惊，他想不到原一平能这样对董事长说话。但他立即找到了原一平，对原一平说：“董事长让我向你转达，今天虽然是星期天，但他还是立即召开高级主管紧急会议，决定支持你的计划，把三菱企业的退休金全部转投到明治的保险。他还夸奖你是一个优秀职员。”听到这话，原一平几乎不敢相信自己的耳朵。他甚至用自己打自己来证明所听的并不是梦，事实证明，他听到的确实如此。

后来，每当原一平想起这件事的时候总是怀着激动的心情，而且他还把这件事记录了下来。他说：“对于我来说，那一天发生的一切仿佛就是一场梦。那一天发生的事情太富戏剧性了，但事情还远远没有结束。当天，我怀着激动的心情回到了家里，那时已经是深夜了。可是另一件事情更让人感觉意外，我家的信箱里躺着一封发自丰田万藏董事长的信。他在信中再一次向我表达了诚挚的歉意，并邀请我在空闲的时候去他家里。”

“那一夜，我几乎没有睡觉，我一直拿着信反复读了十几遍，我在自己的心里老是问自己，这是真的吗？因为我几乎不敢相信，大名鼎鼎的董事长竟会邀请一个小小职员去家里。”

“第二天，我按照事先约定的时间，走进了丰田万藏董事长那宽大的府邸。董事长对我的到来表示热情的欢迎，从谈话中我学到了许多知识。也正是因为这次的谈话，让我认识了董事长，并且对董事长更加佩服。”

“在谈了一个多小时后，丰田万藏董事长对我说：‘一名优秀的推销员，要想吸引顾客去买你的东西，就要注意自己的仪表。对一名优秀的推销员来说，仪表是很重要的，我已经让人给你准备了一套西装，是我送你的，也表达我对你的歉意。另外，在星期一上午10点半，到三菱银行的办公室来找我。’此后的一天，我到了董事长的办公室，这次见面对于我的计划给予了很大的支持。”

原一平的计划得到了成功，他的名字也迅速在三菱银行传开了，凡是他需要的客户，三菱银行各分行都帮助介绍给他。从此，原一平开始踏上了成功之路。

自信而积极的心态就是要求我们面对一件事情时，哪怕只有微弱的希望，都要尽最大的努力去争取，不能因畏惧而不去做，这样可以让我们走出困境，取得成功。

我们想像一下，如果当时原一平没有积极的心态，而是听到阿部章藏董事所说的：“三菱资助明治保险时，他们讲明了绝不介绍保险”时，他还会再继续下去吗？所以积极的心态将使你成为争气的人、勇敢者、胜利者、成功者、英雄、圣者，它能够使你出类拔萃。

品悟人生

自信而积极的心态就是要求我们面对一件事情时，哪怕只有微弱的希望，都要尽最大的努力去争取，不能够畏惧而不去做，这样可以让我们走出困境，取得成功。

别人能做到，你也一定行

“别人能做到，我也一定行。”当我们满怀信心地说出这句话的时候，心中一定充满了力量。虽然现在的境况自己并不满意，而且身边有很多人都比自己优秀，那么我们是不是就该给自己下一个结论：我是个失败者，我就该是现在这个样子；或者为自己找各种各样的理由，比如他家的条件比我好、他比我聪明、他运气比较好等等，然后自己永远生活在失败的阴影当中。

只有充满自信的人才会勇敢地面对一切困难，并积极地寻求解决困难的办法，开创全新的局面。

要知道每一个人的特点都有所不同，一个人不可能拥有所有美好的优点而没有缺点。只要换一个角度就能发现不同的一面，而就是这不同的一面可以让我们战胜对手，在竞争中取得胜利。

一个人的成功和自身的努力是不可分割的。有人说过，天才就是99％的汗水加上1％的灵感。这也说明了只要我们够努力一定能在某个方面有所成就。科学家早就证明了人与人之间的生理差距非常之微小。即使是公认的天才也只不过是对于自身的潜能更多的利用，而即使是天才也只利用了自身潜能非常小的一部分。

这又为我们提供了充足的理论支持，在我们面对别人的成功的时候，不要自卑、不要嫉妒，而应该对自己说：“别人能做到的，我也一定行！”这是一种决心，也是一句誓言。它能是让我们开始一次前所未有的追赶：追赶对手、追赶榜样、追赶自己。

在某个方面，我们承认对手的确有过人之处，而这并不影响我们对他们的追赶和超越。在世界田径的赛场上，其中很大一部分就是比较速度，而在速度方面拥有生理优势的黑人选手永远占据着主动的话语权。这已经是公认的规则，甚至很多重要的赛事上，都是青一色的黑人选手代表各自的国家比赛。

但是在110米栏的比赛中，却出现了奇迹：中国选手刘翔让很多人大跌眼镜。有人说刘翔的夺冠意味着亚洲力量的崛起。刘翔用自己的夺冠告诉世界：别人能做到的，我也一定能行。没有什么是既定的，只要自己勇敢拼搏，向不可能挑战，成功就在咫尺。我们不应该让消极的意识影响了自身潜能的发挥，而应该在不断地自我鼓励下冲击胜利。

我们听过了太多成功者的故事，他们身上有一种特质，就是面对强敌不是自卑退缩，而是勇敢地挑战。不管面对的是什么样的敌人，不管面对的是多么不利的环境，在决斗的时候勇敢地亮剑。这样，即使失败，虽败犹荣。

品悟人生

只有充满自信的人才会勇敢地面对一切困难，并积极地寻求解决困难的办法，帮助自己走出暂时的困境，开创全新的局面。

信心，是争气者的力量

一个能自信地生活和工作的人，一定是坚强而愉快的。喜剧大师卓别林说过：人必须有自信，这是成功的秘密。无论要面对什么样的未来，我们都需要对自己充满信心，只有这样才能让人不断地发挥出自己的聪明才智。

有一位作家非常自信，从不跟随潮流。一次作家的朋友请他去看一场音乐会。来到音乐会现场之后，人山人海。在嘈杂的环境中作家用双手堵起了耳朵，低下头，感到非常厌倦。他的朋友看到他这个样子很是奇怪。于是问他："难道你不喜欢听音乐吗，怎么音乐还没有开始你就捂住耳朵？"

作家摇了摇头："这种乐曲有什么好听的？"朋友有点生气地说："你知不知道，这是现在社会上最流行的音乐了。"

作家微笑着说："流行的东西不一定是适合自己的，流行的东西也不一定是好的。"说完就走出了会场。

自信的人不会轻易地受到影响，而是坚持自己的个性和特色。

无数受人尊敬的成功者，都曾经被宣称是什么方面的第一。而第一的概念就是他们能站在少数人一边，或者他们是最早有不同意见的人。因为，如果不相信自己，只知道跟随潮流的话，永远成不了第一。

吉拉德很小的时候就追随父母从意大利到美国，在汽车城底特律度过了自己悲惨的童年，痛苦和自卑成为他的不良印痕。他那碌碌无为的父亲不止一次地告诉他："认命吧，你注定一事无成。"吉拉德于是自暴自弃，和所有坏孩子一样。

但是有一天，他的老师告诉他："世界上没有谁跟你一样，你是独一无二的。而你现在所遭受的一切不幸都是对你的考验，只有战胜它们才能有所成就。"吉拉德备受鼓舞，暗淡的心灵重新燃烧起了希望的火光。

他认真地学习，在毕业之后努力地找工作。当他第一次去应聘，这家公司的秘书要他的名片的时候，他递上了一张黑桃A，秘书很奇怪，不明白其中的意思，就把这张黑桃A交给了老板。老板决定见一见这个人，结果他就这样得到了面试的机会。

老板问他："为什么是黑桃A？"

吉拉德微笑着回答："因为A代表第一，而刚好我是第一。"

老板笑了："你很自信，既然是第一，我决定录用你。"

吉拉德努力工作，每天在下班以后，临睡觉前都要对自己重复几遍说："我是第一！我是第一！"然后安然地睡去。正是这种鼓舞人心的心理暗示坚定了他的信心和勇气，使得他的行动充满了力量。吉拉德没有吹牛，他一年推销了1425辆汽车，创造了吉尼斯纪录，是真正的第一。最终他成为了世界上最成功的汽车推销员。

天行健，君子自强不息。自信的人一定是在不断鼓励自己，不断前进的人，正因为自信才会有战胜一切困难的勇气和决心。

前苏联“火箭之父”齐奥尔科夫斯基10岁的时候，染上了猩红热，持续几天的高烧，引发了严重的并发症，使他几乎完全丧失了听觉。因为耳朵听力很差，他不得不承受其他孩子的嘲笑，并只能留在家中不能上学。

虽然不能上学，但是通过母亲耐心的细致的讲解和辅导，他的学习进步很快。可是有一天，正当他充满信心自学的时候，母亲却意外得昏倒了。不久，母亲因为不治之症去世了。这突如其来的打击让这个只有10岁的男孩子陷入了极大的痛苦之中。他整天闭门不出，父亲摸着他的头说：“孩子，要有志气，靠自己努力走下去。”

当同龄的人还只知道玩耍的时候，齐奥尔科夫斯基已经开始了真正的自学之路。他从小学课本、中学课本一直读到大学课本，以惊人的毅力自学了物理、化学、微积分等课程。一个几乎耳聋的人，从没有受过任何教授指导的人，甚至都没有进过大学课堂的人，最后成为了一个学识渊博的科学家。

一个人只要自强不息，总有成功的一天。坚持自己的梦想，不论做什么事，相信自己，别轻易让别人的流言蜚语击倒。自立自强不依赖别人，不安于现状，靠自己的力量不断向上。

品悟人生

一个人要想取得成功不但要自信，还要自强。只有具备这样的优秀品质，遇到困难时就会从容面对，积极寻找解决办法，走出困境，取得成功，活出全新的自我。

学会欣赏自己的美好

也许你想成为太阳，可你却只是一颗星辰；也许你想成为大树，可你却只是一株小草；也许你想成为大河，可你却只是一泓山溪……于是，你很自卑。很自卑的你总以为命运在捉弄自己。其实，你不必这样：欣赏别人的时候，一切都好；审视自己的时候，却总是很糟。和别人一样，你也是一道风景，也有阳光，也有空气，也有寒来暑往，甚至有别人未曾见过的一株春草，甚至有别人未曾听过的一阵虫鸣……做不了太阳，就做星辰，让自己的星座，发热发光；做不了大树，就做小草，以自己的绿色装点希望；做不了伟人，就做实在的小人物，平凡并不可卑，关键的是必须扮演好自己的角色。

不必总是欣赏别人，也欣赏一下自己吧，你会发现，天空一样高远，大地一样广大，自己有比别人更美好的地方。

有个小男孩头戴球帽，手拿球棒与棒球，全副武装地走到自家后院。

“我是世上最伟大的击球手。”他自信地说完后，便将球往空中一扔，然后用力挥棒，但却没打中。他毫不气馁，继续将球拾起，又往空中一扔，然后大喊一声：“我是最厉害的击球手。”他再次挥棒，可惜仍是落空。他愣了半晌，然后仔仔细细地将球棒与棒球检查了一番之后，又试一次，这次他仍告诉自己：“我是最杰出的击球手。”然而他第三次的尝试还是挥棒落空。

“哇!”他突然跳了起来，“我真是一流的投手。”

看了上面的这个小故事，你是一笑置之，还是有所感触呢？故事中的男孩勇于尝试，能不断给自己打气、加油，充满信心，虽然仍是失败，但是，他并没有自暴自弃，没有任何抱怨，反而能从另一种角度“欣赏自己”。

生活中大多数人都习惯自怜自艾、自我批判。他们最常说的是“我身材难看”“我能力太差”“我总是做错事”……他们总是学不会像那个小男孩一样，换个角度欣赏自己，这都是由于自卑心理作祟。自卑心理所造成的最大问题是：你总是在斤斤计较你的平凡，你总是在想方设法证明你的失败，每一天你都在为自己的想法找证据，结果你越来越觉得自己平凡、渺小，处处不如人。一个值得思考的问题是：为什么你知道这样做会使人生更灰暗、更负面的感觉吗，我们都是芸芸众生中的一员，都是平凡的小人物，但我们也有比别人美好的地方，所以千万不要自贬身价。

关于欣赏自己，古人早就有“懂得欣赏自己，才会有生活之乐趣”这一说。而今，社会又流行“若连自己都不欣赏，那你又怎么会懂得欣赏别人呢”？这些都说明了懂得欣赏自己的重要性。曾经，我们将欣赏的目光太多地投向了那些光彩照人的“星”，歌星、球星……喜其所喜，忧其所忧，为他们而魂牵梦萦，痴狂而无法自拔。在欣赏中将自己放在那被遗忘的角落，忽略了一道迷人而实在的风景线——自己。

如果一个人对自己都不欣赏，连自己都看不起，那么，这个人怎么还有自强、自信、自爱、自省呢？你也许曾埋怨过自己不是名门出身，你也许曾苦恼过自己命运中的波折，你也许曾叹惜过自己行程中的坎坷。可是，你有没有正视过自己？对于一个争气的人而言，出身只是一种符号，它和成功没有丝毫瓜葛，你又何必为此而斤斤计较？命运不是池塘的水，又岂能无忧无虑、平静无波？生命的行程中如果没有顽石的阻挡，又怎能激起美丽的浪花朵朵？

平日里，我们只顾风尘满面地在尘世间奔波，步履匆匆，眼睛总是在看着别人的美好，因此，一不小心就忘了欣赏自己。命运是公正无私的，它给谁的都不会太多，多欣赏自己，你就会发现生活是如此美好，你的生活也会是如此幸福。

品悟人生

欣赏自己的美好，发现自己的长处，可以帮助自己树立自信心，走出困境，踏上成功之路，活出一个全新的自我。

盯着自己的不完美，就是不争气

一个孩子哭了，因为他拿到的白纸上有一个黑点，“脏了！”妈妈走了过来，抱起孩子说：“宝宝，别忘了你还有一张白纸呢！为什么你只看见了黑点呢？”

世界上没有十全十美的人，这一点很多人都懂，但他们却还是整天为自己的缺憾烦恼。其实，如果把人看成一张大白纸的话，那么你的缺憾就是纸上的一个小黑点，为什么你只盯着黑点，却没有注意到黑点外的白纸呢？

很久以前的南亚某国，有一位先生娶了一个婀娜多姿、娇美柔媚的太太。两人情如金石，恩恩爱爱，是人人称羡的神仙美眷。这位太太身材高挑、眉眼俊秀，又十分的温柔贤淑，美中不足的是长了个酒糟鼻子。好像失职的艺术家，对于一件原本足以称傲于世间的艺术精品，少雕刻了几刀，显得非常的突兀怪异。

这位先生总为太太的鼻子觉得遗憾，便一心想着弥补这个缺憾。他是一个商人，整日在外奔波。一日他行经贩卖奴隶的市场，只听宽阔的广场上空叫卖声此起彼伏，四周人群接踵摩肩。他们竞相吆喝出价，疯抢奴隶。这位先生走到广场一侧，发现了一个身材单薄、瘦小清癯的女子，正以一双水汪汪的泪眼，怯生生地环顾着这群如狼似虎，决定她一生命运的大男人。这位丈夫仔细端详着女孩子的容貌，突然间，他的双眼一亮，太好了！这女子脸上长着一个端端正正的鼻子，不计一切，买下她！

这位丈夫以高价买下了长着端正鼻子的女孩子，兴高采烈地带着女孩子日夜兼程赶回家里，想给心爱的妻子一个惊喜。到了家中，把女孩子安顿好之后，他用刀子割下了女孩子漂亮的鼻子，然后，拿着血淋淋而温热的鼻子，大声疾呼：

“太太！快出来哟！看我给你买回来了最宝贵的礼物！”

“什么样贵重的礼物，让你如此大呼小叫的？”太太狐疑不解地应声走出来。“喏！你看！我为你买了个端正美丽的鼻子，你戴上看看。”

说话间，丈夫抽出怀中锋利的匕首，“噌”地一下将太太的酒糟鼻子砍了下来。霎时太太的鼻梁血流如注，酒糟鼻子掉落在地上，丈夫赶忙用双手把端正的鼻子嵌贴在伤口处，但是无论丈夫如何的努力，那个漂亮的鼻子始终无法粘上妻子的鼻梁。

可怜的妻子，既得不到丈夫苦心买回来的端正而美丽的鼻子，又失掉了自己那虽然丑陋，但是却货真价实的酒糟鼻子，并且还受到无辜的刀刃创痛。而那位糊涂丈夫的愚昧无知，令人可恨又可悲。

有些事，可以通过努力改变；有些事，无论如何努力都难以改变。对于我们不能改变的，不管喜欢与否，我们只能接受它们，不要抗拒。世界就是这样，事情就是这样，他人就是这样，我们应当把这些当成水分子结构、当成地球形状、当成宇宙组成一样的自然事实来接受。我们可以心怀疑虑或好奇，可以保有提问的权利，但不要试图去改变什么。因为有一些方面，像我们的国籍、父母、遗传基因、肤色、家境、幼时所受的教育以及将要生长于其中的社会环境，在我们出现之前就是先定的。

人生确实有许多不完美之处，每个人都会有这样或那样的缺憾。其实，没有缺憾我们无法去衡量完美。仔细想想，缺憾其实不也是一种完美吗？

当我们缺少一些东西时，往往会有更完整的感觉。一个拥有一切的人，在某种意义上讲是一个穷人，他永远不知道求助、希望和梦想的感觉，永远没有自己最想要的东西被爱他的人给予的经历。

生活不是上帝为了原谅我们而故意设下的陷阱，生活也不像拼写游戏，不管你对了多少，错了一个就不合格。生活更像棒球赛，即使最好的球队也会输掉 1/3 的比赛，最差的队也有它辉煌的一天。我们的目的就是赢多负少。

缺憾也是我们的一部分，为了一点点缺憾而否定自己，实在是一件很傻的事。只有不为缺憾耿耿于怀，我们才能好好享受生活。

品悟人生

其实，只盯住自己的不完美是一种自卑的体现。我们要转换视角，多想一想自己闪光的一面，这样就会帮助我们树立信心，走出因自卑而形成的困境，活出与众不同的人生。

越是不景气，越要点亮心中自信的灯

人的一生是曲折坎坷的。在追求学业和事业的路上，更不会事事如意、一帆风顺。而自信正是黑暗中的一盏灯、风浪中的一面帆，是登山的云梯、渡水的帆舟，它给人通往成功的勇气和希望。在现实生活中，自信是大力之神，它有着一股神奇的魔力，可使弱者变强、争气的人更强。

所谓自信，就是要在认识自己的基础上充分相信自己，相信自己可以在面对困难与挑战的时候将自己最大的潜能释放出来，相信自己可以在理想和兴趣的引导下坚定不移地走向成功。

在一个公园里，几个白人小孩正玩得高兴。这时，一位卖氢气球的老人推着小车进了公园。白人孩子一窝蜂地跑了上去，每人买了一个，兴高采烈地追逐着放飞在天空中的色彩艳丽的氢气球。

在公园的一个角落，蹲着一个黑人小孩，他羡慕地看着白人小孩在嬉笑，他不敢和他们一起玩，因为他是黑人。他没有信心与白人小孩一起玩。

白人小孩高兴地到别的地方去玩了。当他们的身影消失后，黑人小孩怯生生地走到老人的车旁，用略带恳求的语气问道：

“您可以卖一个气球给我吗？”

老人用慈祥的目光打量了一下他，温和地说：

“当然可以。你要一个什么颜色的？”

黑人小孩鼓起勇气说：

“我要一个黑色的。”

满脸沧桑的老人惊诧地看着小男孩，然后给了他一个黑色的氢气球。黑人小孩开心地拿过气球，小手一松，黑气球在微风中冉冉升起，在蓝天白云的映衬下，黑色的气球成了一道别样的风景。

老人一边眯着眼睛看着气球升起，一边用手轻轻地拍了拍小孩的后脑勺，说：“记住，气球能升起，不是因为它的颜色和形状，而是气球内充满了氢气。一个人的成败不是因为种族、出身，关键是你的心中有没有自信！”

自信赐予人成功的力量，使人能在荆棘中开辟一条坦荡之路，在暴风雨中固守一片鲜花胜地。诚然，事业上的成功是由多方面因素促成的，但自信却是成功者必备的特质。

美籍华裔物理学家丁肇中在1972年担任麻省理工学院教授时，提出制造新探测器以寻找新粒子的想法，却被物理学界认为是“妄想”，遭到了公开批评。但丁肇中很自信，他带领实验组进行了长达十年的艰苦实验，终于证明确有一种新粒子存在，从而获得了诺贝尔奖。

丁肇中的成功给我们带来了很大的启示。显而易见，是自信为他照亮了成功之路。在别人认为不可能时，他相信自己，确认自己设想的正确性。自信心帮他排除了外界影响。正是凭着一股子干劲和韧性，并最终获得了殊荣。

闻名于世的音乐巨匠贝多芬说过：“公爵，你所以成为一个公爵，只是由于偶然的出身，而我所以成为贝多芬全靠我自己。公爵现在有的是，将来有的是，而贝多芬却只有一个。”联想到贝多芬在失聪后仍为人类创作传世名曲——《生命交响曲》的事实，我们看到了“我要活下去，我要为人们留下美好的乐曲”那闪光的自信心。自信伴随他走过生命的旅程，而《生命交响曲》正是一曲歌颂自信的伟大乐章！

奥里森·马登说过这样一段耐人寻味的话："如果我们分析一下那些卓越人物的人格品质，就会看到他们有一个共同的特点：他们在开始做事前，总是充分相信自己的能力，排除一切艰难险阻，直到胜利！"

因此，自信是成功的基本要素。它不但能使人的欲望向成功奋进，还可以使人内在的潜在力量得以充分发挥。人的潜能是无限的，但没有自信的人是不会感受到它的存在的。与金钱、势力、出身、亲友相比，自信是最重要的东西，是人们从事任何事业最重要的资本。

品悟人生

自信对每个人都非常重要，无论面临的是学习的压力，还是工作的挑战，无论身处顺境还是逆境，自信都可以产生神奇的放大效应。事实证明，自信是一个人获得成功的重要因素。

争气就是靠自己，不指望谁

人生如一条曲线，起点和终点是我们无可选择的，而在起点和终点之间却充满着无数的选择机会。

在人生的旅途中，我们必须要做出这样的选择：是任凭别人的摆布还是坚定自强；是总要别人推着我们走，还是自己来驾驭自己的命运，控制自己的情感。

不少人的生活就像秋风卷起的落叶，漫无目标地漂荡，最后停在某一角落，最后干枯、腐烂。

因此，为了促进个人的成长，达到个人的幸福，我们必须要学会驾驭自己的生活。必须学会自己选择服装，自己选择朋友，自己选择工作。

每个人都会面临信仰危机、事业危机、感情危机等各种各样的危机，如在危急当中，正确的选择和变动，会使我们积聚起一种新的力量，从而重新来面对世界。

当我们在面临危机时，必须要做出选择，这如同你不会游泳却被人推到河里一样，除了学会游上岸让自己不至于淹死，此外，别无生路。

人生的悲哀，莫过于自己不能做出选择，或者不去选择。只有依靠自己的选择，才能掌握自己的命运；只有依靠自己的选择，才会有成功的人生。

在现实中，有很多人在谈及人和事时，总爱用“如果”二字来推卸责任和掩盖自己的无能。其实，人生没有如果，就如同开弓射的箭，大江东去的流水，容不得你的假定。

在生活中，那些口不离“如果”的人，总爱强调客观条件，强调环境的决定因素，忽视了主观能动性的作用。人的一生，不可能完全正确，十全十美，也不可能你想要什么就会得到什么，尽自己的能力去做要做和想做的事，你就不用后悔自己没有达到什么高度、什么愿望，这样就会减少失落感，少生烦恼，就会心情舒畅，快快乐乐地过好日子。

人生犹如一条路，它需要你自己去跋涉；人生犹如一片天空，它需要你自己去拼搏。因此，你惟一能做的便是自己走好，走好在属于自己的那条路上。

但这又是一条充满坎坷的路。你不是预言大师，不知道前方会有什么，但你不能就此停下，一旦停止，你的生命将会在庸庸碌碌中叹惋，在叹惋中陨逝。所以，向前，就是你惟一的选择。

在这条路上，也许会有许多的风风雨雨，会有许多不尽人意的失败，而这一切都把握在你自己的手中，自己是航行的主人。别人推着你走，会使你萌生懒惰的思想，从而无法挖掘生命的潜力，别人扶着你走，会使你疯长依赖的情绪，从而无法避免平庸的袭击；别人牵着你走，会使你不能创新，从而无法延伸目光的锋芒……

路，永无尽头；路，绝对美丽；路，永远充满希望……我们要勇敢地向前走下去，走下去……

自己走好，在属于自己的道路上，一生不息，奋斗不止。

在人生的道路上，多一些竞争，就多一分奋进，多一分拼搏。竞争使你正视缺点，发挥长处。这样，取长补短，变短为长，奋发图强，逐渐走向丰收之路。

品悟人生

我们拥有生命，生命的价值告诉我们自己走好！路，永无尽头；路，绝对美丽；路，永远充满诱惑……在这条道路上，要相信自己，勇往直前；前进，才是我们的选择；不要指望别人能够推你一把，自己才是生命的主宰，做一个积极的自己。

在群体中拿出自己的个性

我们每个人都是不同的个体，都应该有自己不同的个性。否则，一个没有个性的人便会失去自己。所以我们在生活中不能一味地去模仿别人，我们应该把自己的个性逐步发扬光大，从而在别人的心目中占有一席之地，活出自己的精彩来。

很多人都知道：泰山雄、华山险、峨眉秀、黄山奇。其中的“雄、险、秀、奇”就是四个不同的个性。也正因为泰山、华山、峨眉山和黄山的不同的个性，人们对它们都是一视同仁地赞赏有加。山是这样，人当然也不例外。

每个人其实每天都在成长着，我们的个性也都在自然地成长着。我们每个人生活在这个复杂的社会中，即使你做得多么完美，多么恰当，也不可能令所有的人都感到满意，在这些是是非非中，我们应该坦然地保持自己的个性，守住自己的观点立场。对于你所经历的一次失败，细心的人可能会说你有点粗心，过于谦虚的人可能说你有点骄傲，复杂的人可能会说你过于简单……如果没有自己的个性，他们的观点会令你不知道自己到底应该怎么办，你不知该相信谁说的话。其实你不必这样，只要能稍微用心分析一下，就能确立自己的原则，就能保持自己的生活棱角。否则，你的人生永远不会成功。

据说有一位刚毕业不久的大学生，分配到新的工作岗位时，踌躇满志，自己要立志做一番伟业，要在此大显一下身手。

由于经验的缺乏和理论的脱节，再加上同事间的竞争，他的工作开始还不能适应，工作中的他经常会出现一些小差错，这让那些幸灾乐祸的同事经常挖苦他，几次还把他的工作失误故意地推到上司面前，让他难堪。这使他大受刺激，对自己以前的雄心壮志产生了怀疑，每天谨慎而无神地过着和同事竞争的日子。对他来说，刁难他的那些同事，他又不敢得罪。于是，虽然他对他们非常反感，但他对他们表面上仍毕恭毕敬，生怕他们又拿住自己的小辫子，在这种担惊受怕的日子里，渐渐地磨去了自己的棱角，他变得开始和他的那些同事们一样，混日子，一切都被他们的上司主宰着。

后来，公司又招来一个大学生，他开始和那刁难他的同事们一样，也开始变本加厉地打击刁难这个人，仿佛要把自己所受委屈都要找回来似的。几年后，他在大学里所学的深奥理论都在工作的日子中悄悄流走了。自己也变得和其他同事一样碌碌无为了。

丢失了自己的个性，就好象丢失了自己一样，从而变成被别人利用的工具，一直为他人作嫁衣裳，这样的人生活得一定不轻松，那还有什么意义可谈呢？我们都是有感情的人，有着自己的喜怒哀乐。我们是有血性的人，有着我们自己不屈而坚强的精神。

美国著名的银行家摩根认为，决定自己成功的条件是个性，人无论在何种艰难的环境中，都要保持住自己的个性，都要为自己心目中的那个志向而不懈努力，这不能有半点的犹豫不定。所以，我们要在人生的道路上保持自己的本色，相信自己，不惧艰险地获取人生和事业的成功。

我们生活的这个熟悉而又神秘的星球，赋予它的万物生灵千姿百态，都有自己的特点和各自的生存空间。我们应该学习梅花的傲立寒霜，瀑布的飞流直下，雪松的苍翠挺拔……他们崇高而又独立的个性一直成为那些文人墨客笔下的灵感。同样，我们每个人也都有自己脾气秉性，或好或坏。所以，既不要把别人看得那么神乎其神，也不要把自己看得一无是处，因为每一颗心灵都是一张没有写过的纸，无论在多么毫不起眼的旮旯里，你也要守住个性，保持自己最基本的立场，做一个最真实的自己，哪怕是一片废墟，我们也要把它建成心目中的琼楼玉宇。

品悟人生

个性就像百年老酒，就像那些百年老字号的品牌，散发和传播着他们独有的芳香和口碑。个性不论有多强多弱，只要你一直以求真趋善的心态，在洁身自好中循着自己的目标轨迹前进，就一定能在不断自我认识中创造自己，也一定会绘出一幅优美动人的人生画章。

第九章

不断超越，争气的人从不安于现状

一个人要是因为害怕碰到困难和危险，就不愿走出舒适的安全地带，那这种舒适也只是暂时的，而且它还会让我们故步自封，限制自己的成长和发展。所以，要想成功，就要善于打破原有的束缚，不断超越自己。

不断提升自己，更好面对挑战

一个人的成长的过程就是一个不断认识自我、完善自我的过程。只有通过正确地认识自我，我们才会不断努力，不断进步；也只有不断地完善自我，我们才能提升自己，增长技能，走向成功。三十岁的你也一样，为了一个更加优秀的你，决不能放弃努力。

人活在世上，总是想让自己做得更好点，不论是在工作上还是生活上。一个人不可能做到完美，但是可以追求完美，在各方面不断提升自己。一个追求完美的人一定会自觉地高度地严格要求自己，所以这样的人也就一定会成为一个有益于人类，无愧于社会的人。

完善自我也是参与社会竞争的需要。在社会竞争日趋激烈、工作效率亟待提高、生活节奏不断加快的今天，人们的工作压力、思想压力和精神压力也越来越大。

在到处充满竞争的社会，要想找到适合自己的位置，并且能够立于不败之地，就要能够战胜自我，不断完善自我。通过不断完善自我，提高自身自立能力和专注的精神，提高团队协作能力和无私的精神，从而保持自己与他人无与伦比的优势。如果人人都能不断地完善自己，那么，这个社会也自然就和谐了。

落后就要挨打，人穷不能志短。任何人都知道，一个人要提升自己，就要不断地学习。我们从学校里学到的东西是十分有限的，更多的知识和技能只有在工作和生活中才能学到。

学习是终身的责任，每个人在任何时候都不应该放弃学习。只有不断地学习才能弥补自身的不足，才能使我们的知识更丰富，拥有迷人尊贵的气质。环视古今中外，杰出的人物几乎都是饱学之士，只有无知的人才会轻视学习。

美国著名的大提琴家麦特·海默维茨15岁时，与以色列爱乐乐团演出了他的第一场音乐会，立即造成轰动，受到各阶层人士的注意。在他16岁时，就获得了艾弗里·费瑟职业金奖。著名的德国唱片公司还跟他签了独家发行其唱片的合约。之后，他更多次获得唱片大奖、金音叉奖等著名大奖。

然而就在海默维茨声名大噪的时候，这位大提琴神童却突然消失了四年，几乎让人们把他的名字给淡忘了。

原来他去哈佛大学进修了。他做了一篇以贝多芬《第二大提琴奏鸣102号》为课题的毕业论文，并赢得了哈佛大学的最佳论文奖。

人往高处走，水向低处流。一个人只有不断地提升自己的境界，才能看得更高、更远，做事才更有效率。这就要求你要学会自觉地学习和积极的思考，只要能力提高，对环境变化的适应性加强，那么你一定能够在人群中居于优势地位。

只有不断提升自己，才能更好地面对挑战。现在市场竞争非常激烈，要想在这样的市场里更好生存下去，发展下去，我们必须要有意识去提升自己，提高自己各方面的能力和业务素养。

苏格拉底说过：每个人都是优秀的，差别就在于如何认识自己，如何发掘和重用自己。我们想把自己的工作做好，就要有意识地培养自己，让自己充实起来，要了解自己的不足和缺点。

每天进步一点点，听起来好像没有冲天的气魄，没有诱人的硕果，没有轰动的声势，可细细地琢磨一下：每天，进步，一点点，看起来微不足道，但天天都有目标，时时都能努力，人人都可为之，仅此而言，已弥足珍贵。不论钻研什么学问、从事什么工作，每天只进步一点点，但每天都超越了昨天，如此日有所进，月有所变，就能享受胜利的喜悦。

一样的天空，看苍生的人生百态，有人平淡，有人成功。人与人之间的差别最初也许只有一点点，但随着时间的推移，便产生天壤之别，原因就在于平时进步积累的多寡。

每天自学一小时，一周就是7小时，一年累计365个小时，几年下来就可以完成大学本科课程的学习。每天用5分钟改进自己的工作，每周5个工作日都这么坚持改进，几年下来就会成为这个行业的行家里手。因此，我们应该珍惜每天的进步，争取每天有进步。可以说，成功往往不是看谁哪一阶段跑得最快，而是看谁前进的步伐更持久。

我们是平凡且渺小的，但是，我们要用我们的平凡去享受不平凡的生命。人的一生是短暂的，很多人都想给这浩瀚的世界留下些什么，然而，生活给人以轰轰烈烈，惊天动地的机会并不太多。

品悟人生

每天进步一点点，不是做给别人看，也不是要跟人交换什么，而是严于律己的人生态度和自强不息的进取精神。每天进步一点点，使每一个今天充实而又饱满，也终将使你的一生厚重而充实。

不为不景气找借口，自动自发才能赢

令我们不愿看到的情况是，很多年轻人，工作时完全处于被动的地位，他们每天在茫然中上班、下班，到了固定的日子领回自己的薪水，高兴一番或者抱怨一番之后，仍然茫然地去上班、下班……他们从不关心自己的工作，今天的工作不论好坏可以对付过去了；明天老板让干什么，他们就去干什么；没有必要为自己制定一个月计划或半年的工作计划；公司有什么难题，自己不必去操那份心，干一天算一天；不是自己的事则高高挂起……这样的员工只是被动地应付工作，为了工作而工作，他们不可能在工作中投入自己全部的热情和智慧。他们只是在机械地完成任务，而不是去创造性地、自动自发地工作。

成功取决于态度，成功也是一个长期努力积累的过程，没有谁是一夜成名的。所谓的主动，指的是随时准备把握机会，展现超乎他人要求的工作表现，以及拥有“为了完成任务，必要时不惜打破常规”的智慧和判断力。工作包含了一个人的诸多智慧、热情、信仰、想像力和创造力。

来自纽约州的塞尔玛的丈夫奉命到沙漠腹地参加军事学习。年轻的塞尔玛孤零零一个人留守在一间集装箱一样的铁皮小屋里，这里是沙漠边缘，炎热难耐，周围只有墨西哥人与印第安人，他们不懂英语，无法与之进行交流。塞尔玛寂寞无助，烦躁不安，于是写信给她的父母，想离开这鬼地方。父亲的回信只写了一行字：“两个人同时从牢房的铁窗口望出去，一个人看到泥土，一个人看到了繁星。”她开始没有读懂其中的涵义，反复读了几遍后，才感到无比的惭愧，决定洗心革面，留下来在沙漠中寻找自己的“繁星”。她一改往日的消沉，积极地面对人生。她与当地人广交朋友，学习他们的语言。她付出了热情，人们也回报了她热情。她非常喜爱当地的陶器与纺织品，于是人们便将舍不得卖给游客的陶器、纺织品送给她作礼物，她很受感动。她的求知欲望与日俱增。她十分投入地研究了让人痴迷的仙人掌和许多沙漠植物的生长情况，还掌握了有关土拨鼠的生活习性，观赏沙漠的日出日落，并饶有兴致地寻找海螺壳……沙漠没有变，当地的居民没有变，只是她的人生视角变了。拒绝借口、自动自发使她变成了另外一个人。原先的痛苦与沉寂没有了，代之以积极的冒险与进取。她为自己的新发现而激动不已，于是她拿起了笔，一本名为《快乐的城堡》的书两年后出版了。她最终经过自己的努力看到了“繁星”。

人有时可能无法改变自己所处的环境，但却可以改变对待环境的态度。适者生存，不能让环境适应你，应该学会适应环境，积极面对工作。拒绝借口，自动自发地去工作，惟有这样，才能看到生命中的“繁星”。

卓有成效和积极主动的人，他们总是在工作中付出双倍甚至更多的智慧、热情、信仰、想像力和创造力，而失败者和消极被动的人，他们有的只是逃避、指责和抱怨。当他们的工作依然被无意识所支配的时候，很难说他们对工作的热情、智慧、信仰、创造力被最大限度地激发出来了，也很难说他们的工作是卓有成效的。

老板不在身边却更加卖力工作的人，将会获得更多奖赏。如果只有在别人注意时才有好的表现，那么你永远无法达到成功的顶峰。最严格的表现标准应该是自己设定的，而不是由别人要求的。如果老板对你的期许还没有你自己的期许高的话，你将永远也不可能被解职，相反，这只会使你离晋升的日子越来越近。

如果想登上成功之梯的最高阶，你得永远保持主动率先的精神，纵使面对缺乏挑战或毫无乐趣的工作也要如此，这样最终才能获得回报。自动自发地工作吧！这样一种工作习惯，可以使你成为领导者和老板。那些获得成功的人，正是由于他们用行动证明了自己敢于承担责任而让人倍感信赖。

自动自发地去工作，而且愿意为自己所做的一切承担责任，这就是那些成就大事业者和平庸之辈的最大区别。要想获得成功，你就必须敢于对自己的行为负责，没有人会给你成功的动力，同样也没有人可以阻挠你实现成功的愿望。

任何一个在公司里工作的员工都应该相信这一点，你可以使自己的生活好起来。从现在就开始行动吧！不再犹豫，就从今天开始，就从现在的工作开始，而不必等到遥远的未来的某一天你找到理想的工作再去行动。

阿尔伯特在《致加西亚的信》一文中如此写道：

“我钦佩的是那些不论老板是否在办公室都会努力工作的人，这种人永远不会被解雇，也永远不必为了加薪而罢工。”在这里我们特别要强调这一点。一个优秀的员工应该是一个自动自发地工作的人，而一个优秀的管理者则更应该努力培养员工的主动性。

拒绝借口，自动自发地去做好一切吧！万万不要等到老板来向你交待任务的时候。要做一个有自尊心的、有主见的员工，看准了的事就要大胆去干。不要做一个墨守成规的员工，不要害怕犯错，勇敢一点吧！老板没让你做的事你也一样可以发挥自己的能力，必要时要发挥创意，勇于创新以成功完成任务。

品悟人生

成功是一种努力的积累，那些一夜成名的人，其实，在他们获得成功之前，已经默默地奋斗了很长时间。任何人，要想获取成功都要经过长时间的努力和奋斗。

挖掘自己的潜力，你就不会不景气

人是自然界最伟大的奇迹，一旦意识到自己的潜力，便会焕发出前所未有的生活热情和勇气。每个人都能成功，每个人体内都具备成功的潜能，尽情发挥这股力量，成功就会紧随而至。潜能是激发我们走向成功的力量，只要我们敢于挑战自己，敢于付出，理想一定会变为现实。只要我们在思想上、身体上、行为上、意识上都掌握迈向成功的策略，并且长久地保持这种状态，不断地采取行动，发挥自己所有的力量，释放内心无比的能量，我们就会开发出巨大的潜能，就会在瞬间改变生命，并且持久地带来变革，取得人生中想要的非凡成就！

所以说，人们不仅要善于观察世界，也要善于观察自己。汤姆逊由于“那双笨拙的手”，在使用实验室工具方面感到非常烦恼。后来他偏重于理论物理的研究，较少涉及实验物理，并且找了一位实验物理方面有着特殊能力的助手，从而避开了自己的弱项，发挥了自己的特长。

珍妮·古多尔清楚地知道，她并没有过人的才智，但在研究野生动物方面，她有超人的毅力、浓厚的兴趣，而这正是干这一行所需要的。所以她没有去研究数学、物理，而是到布里非洲森林里考察黑猩猩，终于成为了一个有成就的科学家。

每个人都有很多优点和才能，这些优点便是促使我们走向成功的关键。等到我们清晰地看到自己的特长，确信能在什么方面取得贡献，便开始迈向成功。相反，如果我们看不出自己的优点和才能，便像个活生生被埋到坟墓里的人！

一个人要想挖掘自己的潜力，真正需要唤醒的是自己。我们每个人都应当尽可能地挖掘自身的潜能，激发自己的雄心壮志。因为潜能是导致我们成功或失败的重要原因。只要我们能够认识到这一点，就会询问自己的行为是否对社会、对他人或对自己有益，是否能让一个人在自主选择的过程中，不断超越自己，并由此获得最大的快乐。当然，这一切都需要我们去不断地努力，只要我们每天多做一些，就是在开始进步，为自己不断地增加力量。就像举重一样，第一天我们拿较轻的，然后第二天稍微增加一点重量，我们就用这种不断增强力量的办法来帮助自己，直到我们能够对自己的人生操控自如。

从某种意义上来说，人的潜能是十分巨大的，我们能做的比我们想到的要多得多。所以在自我发展方面，“你想什么，什么就是你”！加拿大心理学家汉斯·塞耶尔在《梦中的发现》一书里做出了一个十分惊人也极其迷人的估计：人的大脑所包容智力的能量，犹如原子核的物理能量一样巨大。从理论上说，人的创造潜力是无限的，不可穷尽的。所以说，只要你愿意去开发，就能产生巨大的能力。在这里我为大家提供潜能开发的四个必要步骤为：

第一步：发挥自己的想像力，使自己能够把握每一个选择的机会，让自己能够自主地决定自己要做什么，只有这样，生活才是属于我们自己的，我们才能找到光明之路。

第二步：明白自己喜欢什么，不要把社会、家人或朋友认可和看重的事当作自己的喜爱，更不要把自己的喜爱强加在别人的身上，也不要简单地认为自己感兴趣的事就是自己的兴趣所在，而要亲身体验并用自己的头脑做出判断。

第三步：要充满激情。一个充满激情的人，无论自己正在从事的是简单的体力劳动还是高级的脑力劳动，都会毫不犹豫地认为，自己的工作是神圣的天职，从事这项工作是在追寻自己的兴趣和爱好。只有自己坚信能够得到某些东西，并且产生一种强烈的渴望甚至冲动，经过努力才一定会得到。

第四步：采取积极快速的行动，同时要明白即使是简单的事情也要不断地去做，而这个做的前提就是我们要马上采取行动，要想成功就要立即行动。如果我们做任何事情都能立即行动，就能发挥自己巨大的潜能。只有立即行动，才能正视自己心中无穷的宝藏。只有立即行动，我们才能采取大量而有效的行动，使自己产生渴望财富、渴望成功的动力。只要有了这种力量，我们就会比自己想像的还要伟大！

所以说，要释放人的潜能，就需要进行潜能激发，让人进入能量激活状态。如果一个组织中所有成功的能量都处于激活状态，那么它可以带来核聚变效应。

潜能激发的前提是相信所有人都具有巨大的潜能，而且这些潜能还没有被释放出来。虽然人们可能通过自我激励来开发潜能，但更可靠、更适用的方法是通过外因的激发带来能量的释放。因为自我激励需要坚强的意志力，而外因的激活则是人的一种本能反应，而且它的激发本身带有一种竞技游戏的效果，这种效果可能激发起我们的雄心，并使我们在一瞬间看到希望，激发起无限潜力，去追求成功的足迹。这不是我在这里的假想，看一看我们的生活中，就有无数人是通过阅读一本激励人心的书，或者是阅读一篇感人肺腑的励志美文时，突然感到灵光一闪，蓦地发现了一个崭新的自我，从而走向成功。然而，我们中绝大多数人从来没有被唤醒过，他们一直处于沉睡之中，或者是直到生命走到了尽头，才会对自己的一生做出点滴认识，这样的人生，多么可悲呀！

品悟人生

当我们在生命如此多彩的时候，一定要对自身的潜能有一个清醒的认识，惟有如此，我们才可能有效地发掘生命的潜力，从而最大程度地实现自我的价值。

争气就是做最好的自己

一位哲学家曾经告诉我们：一个人只有确定自己在生活中做最好的自己，才会越来越接近成功，直至最终的成功。他说："财富、名誉、地位和权势不是测量成功的尺子，惟一能够真正衡量成功的是这样两个事物之间的比率：一方面是我们能够做的和我们能够成为的，另一面是我们已经做的和我们已经成为的。"

同样的，每个人的生活都会面临考验我们的信仰和决心的挑战。然而，当挑战到来，我们就会全身心地投入到事业的挑战中去，我们就不会再停留，而是立即采取行动，去与困难作斗争。这样，无论我们在工作中遇到多大的困难，都会自始至终地用积极、理性的态度去对待，都会用坚定的决心和充足的勇气战而胜之。

巴顿将军有句名言："一个人的思想决定一个人的命运。"不敢向高难度的工作挑战，是对自己潜能的画地为牢，只能使自己无限的潜能化为有限的成就。与此同时，无知的认识会使自己的天赋减弱，不敢去挑战自我，甘于做一个平庸的人，这样的人一辈子会像懦夫一样生活，终生无所作为。

巴顿将军在校期间一直注意锻炼自己的勇气和胆量，有时不惜拿自己的生命当赌注。

有一次轻武器射击训练中，他的鲁莽行为使在场的教官和同学都吓出了一身冷汗。事情的经过是这样的：同学们轮换射击和报靶。在其他同学射击时，报靶者要趴在壕沟里，举起靶子；射击停止时，将靶子放下报环数。轮到巴顿报靶时，他突然萌生了一个怪念头：看看自己能否勇敢地面对子弹而毫不畏缩。当时同学们正在射击，巴顿本应该趴在壕沟里，但他却一跃而起，子弹从他身边嗖嗖地飞过。真是万幸，他居然安然无恙。

另一次是他用自己的身体做电击的实验。在一次物理课上，教授向同学们展示一个直径为12英寸长、放射火花的感应圈。有人提问：电击是否会致人死命？教授请提问者进行实验，但这个学生胆怯了，拒绝进行实验。课后，巴顿请求教授允许他进行实验。他知道教授对这种危险的电击毫无把握，但巴顿认为这恰是考验自己胆量的良机。教授稍微迟疑后同意了他的请求。带着火花的感应圈在巴顿的胳膊上绕了几圈，他挺住了。当时他并不觉得怎么疼痛，只感到一种强烈的震撼。但此后的几天，他的胳膊一直是硬梆梆的。他两次证明了自己的勇气和胆量。

“我一直认为自己是个胆小鬼，”他写信对父亲讲，“但现在我开始改变了这一看法。”

我们大家都知道巴顿将军毕业于西点军校，对西点学员来说，这个世界上不存在“不可能完成的事情”。不断挑战极限是每个学员的乐趣，只有超乎常人的困境才会让他们从中得到锻炼。而在现实生活中，我们只有具备一种挑战精神，也就是勇于向“不可能完成”挑战的精神，才是我们获得成功的基础。

当然，在挑战自我的过程中，我们需要鼓足勇气，去做自己应该做的事，去充分发挥自己的才干、机智与能力，不以到达终点为最终目的，即使到达终点了也要继续前进，永不休止，勇往直前，不怕失败。尽管在这个过程中会经受人生中所有的艰难困苦，但也要意识到这只是一个过程，只有自己永不言败，永不放弃，向自己挑战，才能走向成功。看看那些颇有才学的人，他们具有很强的能力，而且有的条件还十分优越，结果却失败了，就是因为他们缺乏一种挑战自我的勇气。他们在工作中不思进取，随遇而安，对不时出现的那些异常困难的工作，不敢主动发起“进攻”，一躲再躲，恨不得避到天涯海角。他们认为：要想保住工作，就要保持熟悉的一切，对于那些颇有难度的事情，还是躲远一些好，否则，就有可能被撞得头破血流。结果，终其一生，也只能从事一些平庸的工作。

我们面对这样的人，能为他做些什么呢？一个人一定要有自己的目标，要有信心，并且要有自己的价值观，只有这样，在挑战自我时，才能不断地问自己：我要去哪里？我现在的目标、信仰和价值观在哪里？现在它们要带我到哪里去？我是否正朝着我想要去的地方前进呢？如果我一直照着这样走下去的话，我最终的目的地是哪里呢？所以说，人生最大的挑战就是挑战自己，这是因为其他敌人都容易战胜，惟独自己是最难战胜的。

品悟人生

有位作家说得好："把自己说服了，是一种理智的胜利；自己被自己感动了，是一种心灵的升华；自己把自己征服了，是一种人生的成熟。大凡说服了、感动了、征服了自己的人，就有力量征服一切挫折、痛苦和不幸。"

寻找榜样的力量，你就能成功

中国有一句俗话叫："榜样的力量是无穷的"，最精辟地概括出了榜样对于成功的巨大意义。假设你要烤点心，想烤得和某个名噪一时的面包师一样好，你就需要相应的配方，并必须练习几次，直到你最终获得成功。如果你严格按照配方的各个细节制作并精心操作，你会取得与面包师差不多的好结果，即使是你以前从未烤过。面包师或许经过了多年的尝试和努力，最后才发明了自己的配方，你可以仅仅根据他的配方工作而节省这几年的精力。

古希腊的父母们对于孩子们在白天上几个小时的课感到不满足，他们想尽办法让孩子们与老师共同生活几年。他们相信，与老师生活的体验是更好的"学校"。

你有没有自己心中的榜样呢？也许你心中有不止一个榜样。心中有了一个榜样，就有一种无穷的力量围绕着你，推动着你的脚步迈得更加坚实，你的精神彻底摆脱迷茫。

一个法国人，40 多岁了，离婚、失业，总之，很不得志，以致性格也变得古怪了。

一天，一个人给他看手相，对他说："你应该是一个伟人！"

"伟人？开什么玩笑，我只是个穷光蛋。"他觉得很可笑。

"不，"那人说，"你就是拿破仑再世，你的智慧，你的形体，都是拿破仑的呀，难道你不觉得？"

"呵呵，我还拿破仑呢？"他自嘲道，"我现在离婚了，失业了，甚至无家可归了。"

"那是过去，8 年后你将是法国最成功的人。"那人坚定地说。

这位法国人虽然不相信这种算命，但还是对拿破仑生产了浓厚兴趣，找来有关拿破仑的各种书籍阅读，像《拿破仑传》、《拿破仑战争》、《拿破仑之谜》、《拿破仑全传》、《拿破仑文选》、《回忆拿破仑》、《拿破仑远征莫斯科》等。他开始研究这位法国历史上的伟人，并向拿破仑学习。

10 年后，这位法国人真的成了亿万富翁。

其实，每一个人总是在有意无意地与自己期望成为的人相比较，榜样对一个人的成长会产生不可低估的作用。人们总会寻找自己的榜样，并以之为参照，规划自己的理想和生活。这些榜样可能是现实中的具体的人，比如优秀的同事、出众的亲人或者时代的精英，也可能是参照现实中的人在自己的心中设计而成的理想人物。榜样可能就是一个人的预期目标，通过一段时间的努力后，会把自己和榜样进行比较，如果接近了，会对自己的努力形成正向强化作用。

而选择什么样的人作为自己的榜样，则根据自己的愿望。你想成为什么样的人，就会自觉不自觉地选择相应的人作为自己的榜样。

不少人总是乐于与比自己差的人交际，因为这样可以获得优越感。这的确很值得自慰，可是从不如自己的人当中，显然是学不到什么的。而结交比自己优秀的朋友，能促使我们更加成熟。

·

美国有一位名叫阿瑟·华卡的农家少年，在杂志上读了某些大实业家的故事，很想知道得更详细些，并希望能得到他们对后来者的忠告。

有一天，他跑到纽约，也不管几点开始办公，早上7点就到了威廉·B·亚斯达的事务所。亚斯达开始时并不喜欢这个年轻人，然而一听少年问他：“我很想知道，我怎样才能赚得百万美元?”他的表情便柔和并微笑起来。也许是他钦佩他的雄心和勇气吧，俩人竟谈了一个钟头。随后亚斯达还告诉他该去访问的其他实业界的名人。华卡照着亚斯达的指示，遍访了一流的商人、总编辑及银行家。

没多久，他开始仿效他们成功的做法。又过了两年，这个青年成为他学徒的那家工厂的拥有者。后来他又成为一家农业机械厂的总经理。不到5年，他就如愿以偿地拥有百万美元的财富了。这个来自乡村粗陋木屋的少年，终于成为银行董事会的一员。

英雄人物不仅仅是激励我们，他们还会使难题看起来容易一些。正因为如此，英雄人物激发我们努力做得像他们一样，“如果他们能做到，那我也能。”

一个人要成功，当然需要不断地行动与积累经验，然而得到经验最快的方法，就是向一些成功者询问，请他们给你一些建议，请他们告诉你，你做对了什么事情，做错了什么事情，或让他们用他们的智慧指导你，这样比你看任何书籍都要有效。

品悟人生

榜样的影响可能延续到一个人的一生，可能影响到一个人各个方面，包括心理、意志、情感、道德、品质、性格、能力、生活方式等许多方面，对一个人的成长起着重要的激励作用。你完全可以向成功人士学习成功之道，努力做出不平凡的业绩来。

争气就要保持进取精神

进取心是一个人前进的动力。它是一种求知的欲望和好奇。一个有进取心的人会不断地充实自己、提升自己，从而使自己的人生价值得到最大的实现。

凡是那些站在时代前沿的伟人，在他们身上都有一种强烈的进取欲望。正是这种欲望使他们不断地超越自己，从而成就了人生的伟业。拿破仑·希尔说过：“成功只降临在那些自己觉得会成功的人身上。失败则降在满不在乎、任由自己觉得会失败的人身上。”你有什么样的追求，就会有什么样的收获。如果你对成功有着一种执著的信念，对未知世界有着一种强烈的好奇心，对成功巅峰有着一种强烈的愿望，那么终有一天你会修成“正果”。拿破仑说：“我成功，因为我志在成功。”很难想象一个思想平庸、不思进取的人会建立不朽的功业。

现任北京无线立通通信技术公司资深副总裁的何国全说过：“我无法忍受平庸与无聊。”正是因为有着一种强烈的进取心，他才取得了今天的成就。

何国全生在台湾，在大学里学的是土木专业。但是就业时他却选择了大陆，并改行成为一名 IT 工作者，原因是不想“听从一个糊里糊涂的选择”。八年时间里，他换了五份工作，因为他对工作环境的要求就是一定要有发展的前景和机会，否则就会离开。他对自己有着严格的要求。别人一年做成的事，他要求自己在几个月内完成。他无法忍受平庸的生活，好几次，他本可以得到一份薪水丰厚而又安逸稳定的工作，但他都放弃了。他就是这样的不安分，但同时却有着一颗谦虚的心。两者结合，使他取得了巨大的成功。他曾将 2. 4 亿美元的资产玩弄于股掌间，被香港总部委以重任，帮助无线立通在本土一露面就吃掉了两家公司。不安分的心和强烈的进取精神成就了何国全的别样人生。

积极进取和满足现状是相对应的，一个容易满足的人很容易失去前进的动力，他的成功也就只能止步于此了。只有那些永不满足的人才会一直前进。当今社会，竞争越来越激烈，偶尔的懈怠可能就会让我们遭到淘汰的命运。如果你想获得成功，就必须始终让自己处于一种优势地位，这就要求我们要不断地提升自己。

微软公司新跳槽来一名业务员，他一直认为自己很优秀。到微软的第一个月，他拜访了10位客户，成交了5位，成交量达到了50%。在其他公司，这样的成交量已经是很高的了。他找到比尔·盖茨向他夸耀自己的业绩，没想到却遭到了比尔·盖茨的批评，因为他有一半的成交量被竞争对手抢走了。业务员听后，立即找到了另外5位当时没有成交的顾客，并说服他们订下了订单。没想到比尔·盖茨还是不满意，因为他根本不知道自己的下一位客户在哪里。

业务员接连两次受到了训斥，于是更加努力地投入到工作中去。接下来的一个月，他接连拜访了11位客户并全部拿下了订单。这下他以为比尔·盖茨会满意了，没想到得到的答复却是他被开除了。因为其他业务员的成交量都在他之上，他是公司的最后一位。

微软之所以能够取得今天的成就，就在于一种不断进取、永不满足的精神，并把这种精神灌输到每一个员工的头脑中。比尔·盖茨就曾多次告诫自己的员工："工作要付出100%的热忱、100%的努力。能完成100%，就不完成99%，虽然仅有1%的差距，但正是这1%，不但会反映出你对工作的态度、作风，而且也会彻底改变你的人生。"

一个有进取心的人对个人能力的提高、知识更新的追求有着强烈的欲望。它可以使人们的思维更活跃，知识更渊博。这样的人就算最后没有获得成功也一定会得到周围人的尊敬，其自身价值也会在这个过程中被充分体现。

品悟人生

有时，我们常把进取心与野心联系起来。二者的确有很大的相似之处，但进取心更强调那种对美好事物的追求。就算是野心也没有关系，适度的野心对一个人的发展也是有好处的。

不满足是实现自我的动力

不满足于现状是一种极为难得的进取美德，它能促使一个人在不被吩咐应该去做什么事之前，就能主动地去做应该做的事。

一个成功的人总善于用和自己较劲的性格，以期达到永不满足。这种永不满足的性格能能够激励一个人不断去闯荡，直致取得成功，并且激励一个人从弱者变成强者，从贫穷走向富裕，从失败走向成功。

有一位名叫汤姆的人，毕业后去了纽约，找了一份好工作，又娶了一位好太太，生活非常美满。一次他的大学同学到纽约出差，顺便去看他。他带着同学到大饭店去用餐。他的同学对他说："都是老同学了，随便找个地方吃点就行了。"他看出来老同学的意思，怕这里消费不起，便说道："我不是打肿脸充胖子，到这个地方来对你我都有好处。你只有到这个地方来，才能知道自己的包里钱少，你才能知道什么是有钱人来的地方，你才会努力改变自己的现状。如果你只是去中等饭店，永远也不会有这种想法。我相信只要努力，总有一天，我会成为这里的常客。"

这些话有一定的道理，人只有不满足自己的现状，才会产生出动力，去改变自己。如果满足自己已经取得的现状，就不会有所成就了。

美国某铁路公司总经理，年轻时是一个三等列车上的工人，周薪只有12美元。有一个老工人对他说："你不要以为做了管理机制的工人，就觉得了不起。告诉你，你想当车长，还得好几年呢。到那时，你才可以趾高气扬，享受一周100美元的待遇。"没想到这位年轻人满不在乎地说："你以为我做了车长就满足了吗？我还准备做公司的总经理呢！"这位年轻人不满足于现状，最终实现了他的愿望。

社会竞争日趋剧烈，情形日益复杂，所以你必须要充分地思考自己的闯荡方式，接受充分的工作训练以作为你的技能，来应对社会的变化。如果你满足现状，不思进取，那么，你不仅不能使自己的命运向更好的方向发展，而且可能会使你在不远的将来无法生存。在今天，任何人都不敢满足现状，每个人都必须勤奋努力，才能适应社会要求，实现事业目的。

大多数人的问题，就在一心希望在顷刻之间成就大事。其实事情是要渐渐成就的。这些人应该不断地努力思考工作，不断地充实自己的知识宝库，渐渐地推广我们知识的地平线，提升做事业的态度，最终就能够改变自己的命运。

不满足于现状，不为眼前的成功而沾沾自喜，就是有进取心。只有不满足才能继续奋斗，只有不骄傲才能看清方向。做到了这两点，人生的成功就不难实现。只要你留意，你就会发现，每一个成功者都有着勇往直前，不满足于现状的进取心。可以说，他们没有人对自己取得的成就沾沾自喜，大多数人都表示要继续努力。这就是一种进取心，是推动人们进行创造的动力。

不满足的进取心，是你实现目标不可少的要素，它会使你进步，使你受到注意而且会给你带来不断成功的机会。是一种极为难得的美德，它能驱使一个人在不被吩咐应该去做什么事之前，就能主动地去做应该做的事。对于一个有进取心的人来说，即使屡遭失败但仍旧十分努力。因为，只有能克服不可思议的障碍及巨大的失望的人才能获得巨大的成功。

品悟人生

不满足是闯荡的动力，有了这个动力，你就能够克服所有的困难，不断提升自己，不断改变自己，实现自我价值。因此，不满足的性格正是闯出成功的保证。

越是不景气，越要敢于挑战自己

只要我们敢于挑战自我，我们就必定会成为一个勇敢者，而所谓勇敢者也必须是一个既敢想又敢做的人。美国最伟大的推销员弗兰克说："如果你是懦夫，那你就是自己最大的敌人；如果你是勇士，那你就是自己最好的朋友。"

被公认为百货业最伟大的推销员艾摩斯·帕立舒，可以称得上是真正最幸福的人。

他有口吃的毛病，尽管如此，他每年在纽约大都会饭店举办例行演讲时，偌大的会场总是挤满了全国各百货公司的经理，屏息敛气地聆听他分析市场概况和发展趋势，这足以证明他取得的成就。但对他来说，这不过是他达到的众多目标中的一个而已。直到晚年，他的头脑仍旧十分敏锐，不断产生出人意料的新构思。

每当朋友为他取得的某个成就向他表示祝贺时，他都毫不在意，只是兴冲冲地说："你听听我现在想到的这个奇妙的构想。"

他的一位好友曾这样说："他一专注什么，说话就会口吃。在他94岁的时候，别人告诉我他快要不久于人世了。我听到这个消息，赶紧给他打去电话。

'嗨！'他的热情一如往常，'我又有了新的构想，是个非常美妙的构想呢。'

他简要地说明了他那令人兴奋的新目标。他根本没有提到死亡，只是尽情诉说生的喜悦。

最终他因病情恶化而去世，是两天以后的事。"

艾摩斯·帕立舒是一个成功的企业家，但他从没有认为自己已完成了一切。他永远在向下一个目标前进，一生都走在达到下一个目标的路上。

同艾摩斯一样，美国棒球界的著名人物布兰琪·里奇，也是一个令人毕生难忘的杰出人物。

他曾任圣路易士红衣队、布鲁克林道奇队以及匹兹堡海盗队的教练。他所撰写的《美国的钻石》是棒球运动的经典之作。

在庆祝布兰琪·里奇的棒球生涯五十周年晚会上，一名记者这样问他："在美国的重要运动之一的棒球界纵横了半个世纪，你觉得最大的收获是什么？"

面对这个问题，里奇皱起眉头回答道："我不知道，因为我还没有退休！"

只要我们成为了一个敢于向自我挑战的人，就能克服一切胆怯，就能敢于挑战自我。到此时，挑战自己将赋予我们做一切事的能力。

品悟人生

当我们敢于挑战自己时，我们命中注定自己就是战士、是斗士，敢于向任何事物挑战，敢于接受任何的挑战。

有时候，争气就是同自己较量

一个人最大的敌人不是别人，而是他自己。每一个具备积极心态的人都懂得只有勇敢地面对生命中的每一次挑战才能不断成功的道理。

有一个音乐系的学生，向一个极其有名的钢琴大师学习钢琴。授课的第一天，钢琴大师给了他一份乐谱，"试试看吧！"

乐谱的难度非常高，学生弹得生涩僵滞、错误百出。

"还不成熟，回去好好练习！"钢琴大师在下课时，如此叮嘱学生。

学生刻苦练习了一个星期，第二周上课时正准备让钢琴大师验收，没想到钢琴大师又给他一份难度更高的乐谱，"试试看吧！"却只字未提上周的练习。

于是，学生再次挣扎于更高难度的技巧挑战。然而，第三周，更难的乐谱又出现了。这样的情形一直持续着：学生每一周都在课堂上被一份新的乐谱所困扰，然后把它带回去练习；接着再回到课堂上，重新面临两倍难度的乐谱。即使这样，学生却仍然追不上进度，一点也没有因为上周练习而有驾轻就熟的感觉，学生感到越来越不安，他沮丧和气馁。终于，学生再也忍不住了，当大师走进教室的时候，他提出了这三个月来不断折磨自己的质疑。

钢琴大师并没有开口，只是抽出第一次交给学生的那份乐谱递了过去，“弹奏吧！”他以坚定的目光望着学生。

不可思议的事情发生了，连学生自己都惊讶万分，他居然可以将这首曲子弹奏得如此美妙，如此精湛！钢琴大师又让学生试了第二堂课布置的练习，学生依然呈现出超高水准的表现……演奏结束后，学生怔怔地望着钢琴大师，说不出话来。

“如果，我任由你表现最擅长的部分，可能你还在练习最早的那份乐谱，就不会有现在进步的程度、超水平的发挥……”钢琴大师缓缓地说。

一个人能力的提升，往往是在自己和自己的经常较量中得以实现的。如果不求上进地只是喜欢做一些简易的不必费心思花力气的事情，或仅满足于一点既得的成绩，那么，能力与水平便会只停留在一个层面上，永远得不到长远地发展。

只有那些正视挑战、敢于挑战的人，才能突破现状不断地向前迈进。原 TCL 集团副总裁吴士宏就像高尔基笔下那只在暴风雨前逆风飞扬的海燕，无畏、无惧，展示生命的价值。她的人生就是一个与自己不断赛跑、超越自己的奋斗历程。

超越自己比超越别人更困难，人都有盲点，尤其是看不清自己的缺点，因此，与自己赛跑是一个艰难的过程，而积极的心态正是进行自我挑战的力量支持。

品悟人生

积极地进行自我挑战，本身就是一种莫大的成功。只有懂得不断超越自己的人，才能引领自己的人生走向另一个高度。